THE STORY OF MATHEMATICS

数学史话

从建造金字塔到探索无穷大

[英] 安妮·鲁尼 (Anne Rooney)·著　钟新·译

世界图书出版公司
北京·广州·上海·西安

图书在版编目（CIP）数据

数学史话 ：从建造金字塔到探索无穷大 /（英）安妮·鲁尼（Anne Rooney）著 ；钟新译. — 北京 ：世界图书出版有限公司北京分公司，2025. 6
ISBN 978-7-5232-1298-1

Ⅰ. ①数… Ⅱ. ①安… ②钟… Ⅲ. ①数学史 — 世界 — 普及读物 Ⅳ. ①O11-49

中国国家版本馆CIP数据核字（2024）第111018号

书　　名　数学史话：从建造金字塔到探索无穷大
SHUXUE SHIHUA

著　　者　［英］安妮·鲁尼（Anne Rooney）
译　　者　钟　新
策划编辑　陈　亮
责任编辑　张绪瑞　陈　亮
封面设计　彭雅静

出版发行　世界图书出版有限公司北京分公司
地　　址　北京市东城区朝内大街137号
邮　　编　100010
电　　话　010-64038355（发行）　64033507（总编室）
网　　址　http://www.wpcbj.com.cn
邮　　箱　wpcbjst@vip.163.com
销　　售　新华书店
印　　刷　河北鑫彩博图印刷有限公司
开　　本　710mm × 1000mm　1/16
印　　张　14
字　　数　230千字
版　　次　2025年6月第1版
印　　次　2025年6月第1次印刷
版权登记　01-2019-6750
国际书号　ISBN 978-7-5232-1298-1
定　　价　69.90元

目　录

序章　数字的魔力

心中默想1到9中的一个数字，

将它乘以9，

如果得到的是一个两位数，那么将它的两个数字加起来。

得到的和再减去5，

将所得的差乘以它自己。

你得出的答案一定是16。

这是怎么回事呢？

这一切都取决于一个至关重要的数学规律——如果一个数是9的倍数（1至9倍），将它的所有数字相加，最后你总能得到9，比如说：

9：0+9=9

18：1+8=9

27：2+7=9

…………

因此，你会顺利地得到：

9−5=4，4×4=16

还有许多这样的数字“魔法”。很久以前，有一些最古老的人类文明发现了数字的一些古怪而迷人的性质，然后将它们写进他们的巫术和宗教信仰中。从那以后，数字被人们深深迷恋，它蕴含着我们可以用来探索宇宙的能量，给予我们一把打开未知科学大门的钥匙。我们所理解的一切，小到亚原子结构，大到宇宙膨胀，都是以数学为基础的。

数学的起源

除了计数，人类最早的数学活动可以追溯到4000年前。它们起源于富饶的尼罗河三角洲（今埃及）和底格里斯河、幼发拉底河的两河平原（即美索不达米亚平原，今伊拉克境内）。我们对这些古老文明的数学家的了解少之又少。

大约在公元前600年，古希腊人对数学产生了浓厚的兴趣。他们寻求通用的法则来解决一系列类似的问题，他们超越了前人。他们致力于建立数学的概念，这为如今我们所取得的一切成就奠定了基础。有史以来一些最伟大的数学家就曾活跃于希腊半岛、希腊化时代的埃及亚历山大港等地。

随着古希腊文明的终结，西方的数学发展也随之停滞不前。几百年后，来自中东的阿拉伯学者，重新拾起数学的接力棒。大约在公元750年建成的巴格达是一座闪耀世界的智慧之都。在那里，阿拉伯学者继承了古希腊和古印度数学的遗产并发扬光大，钻研出一些新颖的和历久弥新的数学知识。我们至今仍在使用的阿拉伯数字系统被他们采用，他们对天文学、光学的热爱，对伊斯兰教历的需求和对麦加这一圣地的朝觐，这些都极大地促进了数学的发展。可是，曾推动数学发展的伊斯兰教的某些要求最后却让数学无法得到更深入的发展。穆斯林神学反对这一智力活动，并视数学在精神层面上是十分危险的，因为它揭示了本该隐藏的真相，并且挑战了宗教最为神秘的面纱。

幸运的是，阿拉伯人在西班牙的出现让数学知识传播至欧洲的渠道更为直接。从11世纪末开始，阿拉伯和古希腊的数学文献被翻译为拉丁文，并在欧洲迅速传播。

西班牙城市托莱多成为了11世纪末阿拉伯学术进入欧洲的大门

中世纪的欧洲，数学的发展十分缓慢。当一些人正致力于推动数学继续前进时，黑死病在欧洲开始疯狂肆虐（1347—1350）。欧洲的许多国家有1/4～1/2的人因黑死病而死亡。直到16世纪，新的进步才逐步显

现，随后世界迎来了一股在数学、科学、艺术、哲学、音乐等各个方面的发展热潮。在欧洲，印刷机的发明更是大大加快了新知识的传播。欧洲的数学家和科学家们开始塑造现代数学的雏形，并发现了数学在方方面面的应用。

当这部分人走在通向现代数学的发展道路上时，许多其他数学文化也在同时发展，经常得出相同或相似的发现，但这些还没有融入源自北非、中东、欧洲的数学体系。以中国为代表的东方文明拥有自成体系的算学传统，也曾取得辉煌的成就。美洲社会同样也发展出了自己的数学体系。可这些却被16世纪从欧洲来的入侵者和殖民者从历史上抹去了。古印度数学到9世纪再次繁荣，后开始追随阿拉伯传统数学的脚步，近几年印度涌现出诸多世界级数学家。

在故事的末尾，单一的数字体系和数学观念已经传播至全世界，而且那些来自全球多地（包括日本、印度、俄罗斯、美国）的数学家同欧洲、中东的数学家向着共同的目标一起努力。虽然数学已成为了一个全球化的事业，但只是近些年才如此。

第1章
数字的起源

数学出现之前得先有数字。哲学家就数字的身份已争论多年——在人类文明之外它们是否还真实存在——正如他们争论数学究竟是被发明的还是被发现的。比如，是否存在某种真正独立于数学活动之外的意识，在此意识中仍有长方形的面积是两边之积？又或者，数字只是我们在体验世界时用来感知世界的一种结构，但于更广的意识而言是“不正确”的呢？德国数学家利奥波德·克罗内克（Leopold Kronecker，1823—1891）说：“上帝创造了整数，其余所有的数都是人造的。”他也因此而树敌众多。无论我们个人偏向哪种观点，人类的数学之旅都是从正整数——大于0的整数——开始的。

起初，工匠会涂画，但是他们会数数吗？

数字源于何处?

数字在我们的日常生活中太过重要以至于我们认为它们理所应当的存在。它们很可能是你早上瞥向时钟时看到的第一件东西，我们一整天都面对着接二连三的数字。但有一个早于数字系统和数数的时代。数字的发现（或发明）是人类文化和文明发展的关键性一步。它使得所有权、贸易、科学和艺术，以及社会框架和阶层的发展成为可能。当然，游戏、谜题、运动、博弈、保险，甚至是生日聚会也成为了可能。

我们用数字将生活的各个方面都规范化了，但却并非总是如此。分针是在1475年被加到时钟里的，而秒针是在1560年左右被加入的

动物会数数吗?

猛犸象能数出攻击者有多少吗? 有些动物显然能对小数目进行计数。鸽子、喜鹊、老鼠和猴子都展现出对小数目计数的能力，并能大致区分较大数量。许多动物也能辨别出它们的某个幼崽是否丢失了。

对只配备了原始武器的狩猎者而言，多对一更有可能确保一个安全的结果和一顿午餐

四只猛犸象还是更多的猛犸象?

想象一个原始人看着一个兽群（潜在的午餐）——水牛，又或者是长毛猛犸象。它们有很多，猎人没有数字体系，也数不出它们有多少个。他（她）只是能意识到这是一大群还是一小群野兽。单一的猛犸象更容易被捕食，如果有更多的猎人，那么打猎就会变得更加容易和安全。一个和不止

如何不数羊而直接得出羊的数量

当一只羊离开围栏时，在骨头上做一个缺口作为记号，或者放一块石子在围栏里。当羊回来的时候，检查一下缺口或者石子的数量与羊的数量是否匹配。

· 如果有石子或缺口与羊的数量无法匹配，则去寻找丢失的羊。

· 如果有一只羊死了，那么就丢掉一块石子或者去掉一个缺口。

· 如果有一只小羊出生，则增加一块石子或一个缺口。

一个还是有很大区别的，就像很多和很少一样，但这是无法计数的。

在某种程度上，对额外的猛犸象进行量化是非常有用的，这样就可以用更多的人来追捕那些猛犸象。但是其实猎人们并不需要得到猛犸象的具体数目，除非他们想要比较一下他们与猛犸象的能力的大小。

来数羊！

随着时间的推移，猎人们定居下来开始圈养他们自己的动物。当人们开始饲养动物时，他们便需要一种方法来追踪它们的踪迹，以保证所有围栏里的绵羊、山羊、牦牛和猪的安全，最简单的方法就是用标记来使记号或者石头与每一只动物匹配。

其实不一定要通过数数来知道一组对象是否齐全。我们可以找一张有100个位子的桌子并马上查看是否存在没有用餐者的位子。孩子们在很小的时候就开始学习一一对应，他们会玩类似将钉子与小洞进行匹配，或将玩具熊与床进行匹配的游戏，这些我们在很小的时候就已经学会了。这就是集合论的基础：一组对象可以与另一组对象进行比较。我们可以简单地处

我们得到了多少？葡萄牙的一位葡萄园工人用计数杆记录经过的每一篮葡萄

理这样的集合而不需要数的概念。所以早期的农民可以把石头不进行计算从一堆移到另一堆。

记录对象数量的需求导致了标记符号的产生，而这正是文字的前身。在捷克境内发现的一块三万多年前有凹凸印记的狼骨代表了一种计数，并且成为了已知的最早的数学对象。

举一反三

数羊所用的木条或者鹅卵石可以演化并作他用，假如有30只绵羊，那么对于30只山羊、鱼或者30天的计数方法也是一样的。类似的方式很早就应用在对时间的计数上，比如，用夜晚与白天记录时间直到婴儿的出生，或者从种植到收获。“三十”是一个普适的概念，在一定程度上独立于计数的具体对象之外的意识预示了数字概念的产生。除了看到四个苹果可以分为两组给两个人之外，人们还发现任何东西中的四个总是可以分为两组，实际上，四个是两组。

在这一点上，计数变得不仅仅是合计，数字也变得更加需要名称。

一，二

巴西有一个叫皮拉昂的部落，只有“一”“二”和“多”几个字。科学家发现，没有数字词汇限制了部落的数字概念。在一项实验中，他们发现皮拉昂可以复制一个、两个或三个物体的图案，但当被要求处理四个或更多物体时会出错。一些哲学家认为这是语言决定论迄今为止最有力的证据，即理智被语言所限制，至少在某些领域，我们无法思考无法用语言描述的东西。

身体计数

许多古老文明通过使用人身体的某些部位发展出了计数方法。他们按照既定的顺序用身体部位或身体上的距离来表示不同的数字。最终，身体部位的名字代表了不同数字，比如“从鼻子到大脚趾”的意思是34。身体的部分可以用来表示34只绵羊，或34棵树，或任意34个东西。

早期的埃及符号象形文字使用10的幂来表示数字，最多至数字9 999 999

走向计数制

在木棍、石板或洞穴墙上为一个简单的计数对象做一个标记，当计数对象数量很少时比较适用，但很快就会变得难以操作。人类在能够以更复杂的方式运用数字而不是简单地数数以前，需要一种记录它们的方法，这种方法要比一排笔画或点更容易一眼就看懂。虽然我们只能通过探究工业化之前的人类来推测口头计数系统是如何发展的，但对于书写数字系统的发展，却有手工艺品和档案的物证。

最早的数字系统与计数有关，它们是与计数对象一一对应的一系列标记，因此“Ⅲ”或“…”可以表示3。公元前3400年，古埃及人已经发展出一套符号（或象形文字）系统，可以表示10的幂。每个单位使用一个笔画，一个符号表示10，然后一个不同的符号表示100，另一个符号表示1000，依此类推，直至1 000 000。每组中使用的符号被重复9次，以一致的模式分组方便识别。

在美索不达米亚（今伊拉克），约公元前3000年有一个类似的系统存在。一个目前仍为人所熟悉的简单分组系统是罗马数字。数字1到4由垂直笔画表示：

I，II，III，IIII

罗马人在 IIII 时放弃了，改为5的符号V，后来，他们有时用Ⅳ来表示 IIII 。在这种情况下，垂直笔画的位置决定符号的含义，即5减去1。按照同样的方式，IX表示数字9（10减1）。

用不同的符号表示五和十的倍数：

V=5	L=50	D=500
X=10	C=100	M=1000

数字由分组的单位组成，例如10等。所以2008是以MMVIII表示的。5、50和500的字符不能在一个数字中使用多次，所以VV由X等表示。

有些数字写起来很费劲。例如，38会写成XXXVIII。系统不允许在相差多于两级的符号间做减法，因此49不能被写为IL（50减1），它必须被写为XLIX（50减10；10减1）。

下一步是一个新的系统，它不再重复数字的符号（例如，不使用XXX代表30）并且使用不同的符号代表数字1到9，然后将其与表示10、100等的符号一起使用，以显示预期的10、100和1000的数量。现行的中文计数制就是基于这一原则。所以：

四十=4×10=40

这头牛多大了？你拿到工资了吗？

在巴比伦（从今伊拉克南部到波斯湾），人们使用了两种数字书写系统。其中一种是楔形的，由一根触针在潮湿的黏土上做的楔形标记组成，然后再将其烘烤。另一种是曲线系统，用针的圆形的一端来做。这两种方法用于表示不同用途的数字。楔形文字用来表示一年的数目、一只动物的年龄和应得的工资。而曲线表示已经支付的工资。

$(60)^3+\quad 11(60)^2\quad +\quad (50-3)(60)\quad +\quad 40-2=$

$(60)^3+11(60)^2+47(60)+38=258\ 458$

但是　十四=10+4=14

并且　四十四=4 × 10+4=44

这就是所谓的乘法分组系统。在这种类型的系统中，表示数字所需的字符数更加有规则。数字1到10用一位数字表示；数字11到20用两位数字表示；此后，10到90这些10的倍数用两位数字（20、30等）表示，其余数字直到99用三位数字表示。另一方面，罗马数字在1到10之间需要1到4位数字，在100以内需要1到8位数字。

加密系统

第9页所述象形文字系统只是古埃及使用的三种系统之一。加密系统有两种，分别是通俗系统和祭司体系统。加密系统不仅对数字1到9有不同的符号，而且对10、100和1000这些倍数都有不同的符号。祭司体是已知最古老的加密系统。它可以以非常简洁的形式表达数字，但人们必须学习大量不同的符号来使用它。这可能服务于社会的某种目的，保持数字的“特殊性”，从而赋予那些了解数字的人额外的力量，形成一个精英群体阶层。在许多文化中，数字与神祇和魔法紧密相联，保持数字的神秘性

古埃及新王国的祭司体数字（公元前1600—前1000）比先前使用了更多的符号，使得数字表达更简洁，但更难学习和运用

有助于维持祭司的权威。即使是天主教会也会沉溺于欧洲中世纪对数字的精心守护之中。其他加密系统包括科普特语、梵语、希伯来语、叙利亚语和早期的阿拉伯语。加密系统通常使用字母表中的字母表示数字。

进位制就位

进位计数制——例如我们现在的十进制——取决于显示其含义的数字的位置。进位制从乘法系统发展而来。就像汉语习惯性省略代表10、100的字符，进位制也仅仅依赖于数字的位置来展示其含义。但这也只能在有代表零的符号的情况下才行得通，否则就没有区分类似于24、204和240的数字的方法，这就是巴比伦人遇到的问题。进位制可以显示非常大的数字，因为它不需要每次达到新的10的幂时才有新的名称或符号。

	10 000	1000	100	10	1
54 321=	5 × 10 000	4 × 1000	3 × 100	2 × 10	1 × 1
10 070=	1 × 10 000	0 × 1000	0 × 100	7 × 10	0 × 1

最早的进位制是在公元前3000年到公元前2000年由苏美尔人创造的，但它是一个复杂的以10和60为基数的系统。直到公元前3世纪这个系统中才出现零，由此消除了歧义和可能的混淆。即使在零被引入之后，它也并

苏美尔人和巴比伦人

底格里斯河和幼发拉底河之间肥沃的美索不达米亚平原被称为文明的摇篮。在今伊拉克境内，苏美尔人定居下来，大约在公元前4000年建立了世界上最早的文明。他们创造了人类最古老的象形文字，用楔形文字记录了他们的历史和文化。苏美尔人还发明了世界上最古老的计算工具——计算尺，以及最早的税收制度和法律制度。公元前23世纪入侵的阿卡德人沿袭了苏美尔人的文化。从公元前2000年到公元前600年左右的时期通常被称为巴比伦时期。根据泥版文书记载，苏美尔以及巴比伦文明的知识体系涉及多个领域，农业、天文、建筑、地质、采矿、机械、数学、物理、医药、艺术等包罗万象，而且研究得非常深入。在这以后，波斯人占领了这块土地，但保留了原有文化。

没有被用在数字的末尾，所以像2和200这样的数字我们只能通过上下文区分。这种方法有时候容易，有时候却并不容易。像“我有7个儿子”这样的陈述不太可能被错误解读成“我有70个儿子”，但像“一支3人的军队正在逼近”这个陈述包含非常可怕的、模棱两可的意义。300人的军队？也有可能是3000人或30 000人的军队，即使是30万也不是没有可能。

在古希腊应用的两种计数制中，其中一种在雅典最为流行，它使用希腊字母表示数字，α表示1，β表示2，以此类推，直到9。接下来，个别字母用于表示10倍和100倍，所以任何三位数都可以被三个字母代替，四位数可以被四个字母代替，以此类推。他们的字母表中没有足够的字母能够用这个方式把数字表示到900，所以一些数字用他们不再使用的古代字母来代替。对于超过999的数字，他们在字母的右边打勾表示该数字必须乘以系数1000（比如逗号作为分隔符）或用字母μ作为表示乘法的下标10 000。为了区分数字和单词，他们在数字上画了条横线。古希腊哲学家后来提出了一种写非常大的数字的方法，并不是因为他们书写特别需要这种大数字，而是为了反驳那种非常大的数字因为没有表示方法就不存在的说法。

玛雅人使用了一套完整的计数制，一个零贯穿始终。玛雅铭文中零的最早使用可追溯到公元前36年。西班牙侵略者在16世纪初来到尤卡坦，发现了玛雅文化，并随之消灭了玛雅文明[①]。玛雅的计数制并非以10为基数，而是以5和20为基数，且仍具有使用限制。首个完美的进位制是古代印度的作品，他们使用点来表示空位。

印度-阿拉伯数字的诞生

今天在西方使用的数字历史悠久，它起源于2000多年前的印度河流域文明。它们最早出现在早期的佛教碑文中。

用一个笔画来代表“一”是很直观的，与此相同，许多文化都有类似的想法。而且笔画的方向各不相同——在西方，仍然使用印度-阿拉伯的垂直笔画（1），而中国人则使用水平笔画（一）。但是其他数字又如何呢？例如我们现在用蜿曲线表示的2、3、4等数字呢？

最早的数字1、4和6，至少可以追溯到公元前3世纪印度阿育王（公

① 玛雅文明是拉丁美洲古代印第安人文明，与印加文明和阿兹特克文明并列为美洲三大文明。——译者注（以下如无特殊说明，均为译者注）

元前304—前232）的碑文中（这些碑文记录了印度孔雀王朝[1]佛教徒统治者阿育王的思想和行为）。公元前2世纪的纳纳高塔铭文增加了2、7和9，而3和5分别出现在公元1或2世纪的纳西克洞穴中。公元650年，居住在美索不达米亚平原的基督教聂斯托利派[2]主教塞维鲁斯·塞博克特（Severus Sebokht）撰写的一篇文章就提到了9个印度数字。

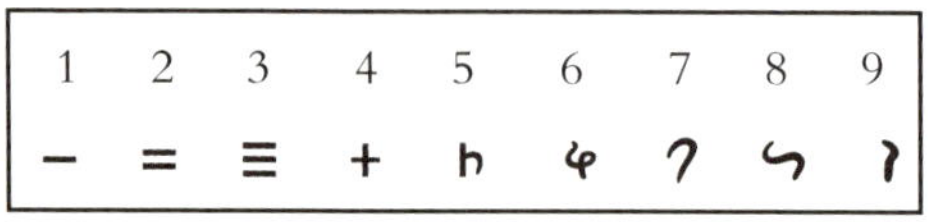

在婆罗米文“2”的水平笔画和婆罗米文“3”笔画右侧的垂直线之间加上一条对角线，就可以得到我们的数字。婆罗米文数字是加密系统的一部分，有表示10、20、30等数字的不同的符号。

向西传播

阿拉伯作家伊本·齐夫蒂（Ibn al-Qifti，1172—1242）在《学者年表》（*Chronology of the Scholars*）中记录了一位古印度学者是如何在766年将一本书带到伊拉克巴格达，献到阿拔斯王朝的第二位哈里发阿

婆罗摩笈多

古印度数学家和天文学家婆罗摩笈多（Brahmagupta, 589—668）出生在印度北部拉贾斯坦邦的宾马尔。他掌管乌贾因天文台，发表过两本关于数学和天文学的书。他的著作介绍了零及其在算术中的使用规则，并提供了一种求解二次方程的方法，该方法等价于目前仍然使用的公式：

$$x=\frac{-b\pm\sqrt{b^2-4ac}}{2a}$$

婆罗摩笈多的著作《婆罗摩修正体系》在智慧之家被用来解释印度天文学所需的算术。

---

① 孔雀王朝（约前 325—约前 187）是古印度的奴隶制王朝，曾经统一过印度，并产生了推广佛教的阿育王（前 303—前 232）。

② 聂斯托利派，也被称为景教，是基督教的一个教派，由拜占庭帝国君士坦丁堡主教聂斯托利于 428 年创立。

穆罕默德·伊本·穆萨·阿尔·花拉子密

花拉子密（al-Khwarizmi，约780—850）出生于花剌子模（今乌兹别克斯坦的希瓦境内），他是波斯的数学家和天文学家，在巴格达的智慧之家工作。他将印地语文献翻译成阿拉伯语文献，并负责将印度数字引入阿拉伯数学中。他的作品后来被翻译成拉丁文，将数字和算术方法以及从他的名字中衍生的词“算法”都传播到了欧洲。当他的作品被翻译时，人们认为是他推广了他创造的新的计数制，称之为“阿拉伯计数制”。阿拉伯计数制学家是那些使用印度-阿拉伯语进位计数制的人。他们与使用算盘的人有冲突，因为算盘是以罗马数字为基础来计算的系统。

布·贾法尔·阿卜杜拉希本·穆罕默德·曼苏尔（Abu Ja'far Abdallahibn Muhammad al-Mansur，712—775）手中的。这本书很可能是古印度数学家婆罗摩笈多（Brahmagupta）在约628年写的《婆罗摩修正体系》（*Brabmaspbutasiddbanta*）。这位哈里发建立了当时引领中东智力发展的教育机构——智慧之家（House of Wisdom），旨在将印地语和古希腊古典文献翻译成阿拉伯语。在这里，《婆罗摩修正体系》被翻译成阿拉伯语，印度数字迈出了向西方传播的第一步。

在智慧之家发表的两本非常重要的著作促进了印度数字在整个中东的传播：波斯数学家花拉子密（al-Khwarizmi）在825年左右写的《印度算术书》（*On the Calculation with Hindu Numerals*）；阿拉伯数学家阿布·优素福·亚库布·伊本·伊沙克·阿尔·肯迪（Arab Abu Yusuf Yaqub ibn Ishaq al-Kindi）于830年写的《印度数字的使用》（*On the Use of the India Numerals*）。

他们对数字1～9采用了角度计数法。很容易看出如何通过添加连接线来转换印度数字，来适应这个系统——尝试一下计算我们现在使用的直线型数字的角度：

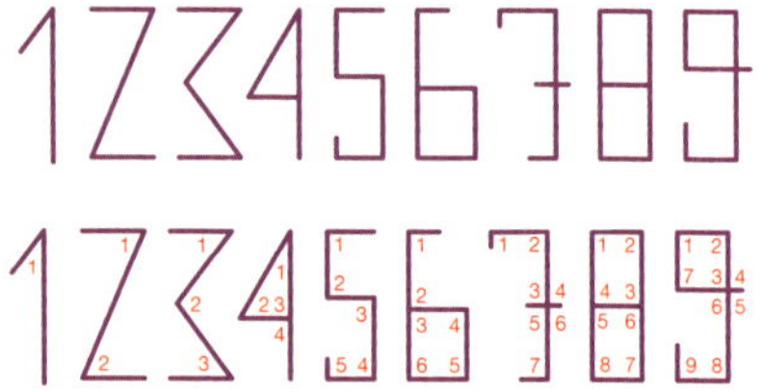

零几乎在同一时期被接纳；当然，零没有角度。阿拉伯学者设计了我们现在使用的完全按位计数制，舍弃了古印度数学家使用的用于十进制的密码。

不久以后，印度-阿拉伯数字系统通过阿拉伯人统治下的西班牙进入欧洲。最早显示印度-阿拉伯数字的欧洲文献是公元976年在西班牙出现的。

罗马数字被替代

当然，当印度-阿拉伯符号传入摩尔人统治的伊比利亚时，欧洲已经在使用一套计数制。西罗马帝国灭亡（476年）后，古罗马文化慢慢地被侵蚀。

罗马计数制在五百多年的时间内未曾受到过挑战。尽管印度–阿拉伯数字在10世纪出现或被印刷在一些作品中，但它们在很长一段时间内并没有进入主流。

小题大作

零的概念似乎是计数的对立面。虽然零只是缺少计数项，它不需要自己的符号，但在进位计数制出现时，它确实需要一个符号。起初，一个空间或一个点被用来表示没有数字占据位置；这个方法最早是在公元前2000年中期的巴比伦被使用。

玛雅人接纳并使用零，用贝壳字形表示：

这个符号至少从公元前36年开始使用，但对旧世界的数学没有影响。可能中美洲人是使用零这种符号的第一个文明。

零从古代印度来到现代世界。已知使用零的最古老的文献是公元458年的耆那教的*Lokavibhaaga*。婆罗摩笈多在他的《婆罗摩修正体系》中写出了算术中与零一起运算的规则，例如，规定一个数乘以零还是零。这是已知最早的将零当作一个数的文字。

花拉子密向阿拉伯世界引入了零。现代的名字“零”（zero），来自阿拉伯语的“零”（zephirum），它是由威尼斯语（意大利威尼斯的语言）演变而来。威尼斯数学家卢卡·帕乔利（Luca Pacioli，1445—1514或1517）在欧洲发表了第一篇正确使用零的文本。

虽然历史学家并不计算公元前1年到公元1年之间的“零年”，但天文学家通常会这样做。

来自异域的字母

古罗马人在读写语言之前使用了书面数字。他们采用了统治罗马大约150年的伊特鲁里亚人的数字。后来，当古罗马人征服希腊库迈时，他们学会了读和写数字。然后，他们将从伊特鲁里亚人那里获取的数字改编成罗马字母。

1	I	5 000	ↁ
5	V		
10	X	10 000	ↂ
50	L		
100	C	50 000	ↇ
500	D	100 000	ↈ
1 000	M		

斐波那契，一位意大利数学家，小时候和他的商人父亲在北非旅行时，学会了印度–阿拉伯数字

随着帝国规模扩大和文化日益成熟，古罗马人需要的数字越来越大。他们发明了一种把数字放在一个盒子形符号里或盒子形符号的三面上的系统，以表明数字应该被乘以1000或100 000。但是，这个系统的使用并不一致，因此$\boxed{\mathrm{V}}$可能表示5000或500 000。

用罗马数字计算几乎是不可能的，这最终导致了它被替代。

XXXVIII
\+ XIX
LVII　　　（38 + 19 = 57）

古罗马的会计师在会计、税务、人口普查等领域，

9个印度数字是：9　8　7　6　5　4　3　2　1。用这9个数字，再加上符号0……我们可以写出任何数。

——斐波那契（Leonardo Pisano），《计算之书》（*Liber Abaci*），1202

总是使用算盘。印度-阿拉伯数字系统提供了一个相当大的优势，因为按位计数制使包含书面数字的计算非常容易。斐波那契（约1170—1250）和卢卡·帕乔利这两位因为其他成就而闻名的数学家，都在推广印度-阿拉伯数字系统方面发挥了重要作用，尤其是在商人和会计师中。即便如此，在欧洲完全转向使用印度-阿拉伯数字系统之前，它也经历了许多世纪和相当多的斗争（见第56页——难以形容的数字）。

卢卡·帕乔利是一名方济各会[①]的修道士。在这幅雅各布·德·巴尔巴里（Jacopo de Barbari）所作的肖像画（约1495年）中，他正在证明欧几里得的一个定理

在数学领域的作用被取代后的很长一段时间内，罗马数字继续被用于很多情形。例如，它们仍常被用于钟面，并用来显示电影和一些电视节目的版权日期。

尚未结束

如果认为数字已经停止演变，则是一个错误。在上个世纪，我们看到了零的发展和随后的衰落，以及通过贯穿它一条斜线，即Ø，将其与计算机打印输出中的大写字母“O”区分开，并将数字表示为直线的

纪年铭

在墓碑和书籍上经常使用包含罗马数字的短语。通过挑选某些字母并重新排列它们，就可以揭示日期。例如，“My Day Is Closed In Immortality”（我的一天是不朽的），这是一个纪念1603年英国伊丽莎白一世逝世的纪年铭。大写字母放在一起时就成为MDCIII，对应于1603年。古斯塔夫·阿道夫（Gustavus Adolphus）在1627年铸造的一枚硬币上刻着拉丁语铭文“ChrIstVs DuX ergo trIVMphVs”（基督是领袖，因此是胜利的），这是MDCXVVVII或1627年的一个纪年铭。

① 方济各会由意大利修道士方济各（1182—1226）于1209年创立，提倡过安贫、禁欲、守贫的生活，是天主教托钵修会派别之一。

字码数字

杰姆·雷丁于1993年开发了一款新系统，用于数字书写，特别是将它们输入计算器或者其他机器上。这款旨在比标准的按位计数系统更直观、使用更便利的系统，被称为“字码数字”。例如，数字4 060 087被写为4M60T87，并通过按4–M（百万）…60–T（千）…87输入计算器。数字4 000 007将被写为4M7，并输入为4–M–7。

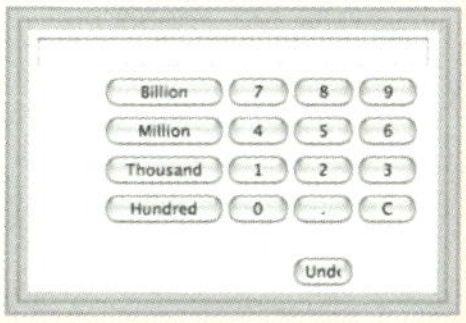

集合，以便它们可以通过LED显示屏上的发光条来显示。

计算机可读字库也被开发用于支票和其他金融文件，从而使我们的数字远离了它们手写体的起源。

此外，我们还发明了一种新的记号用来书写我们的祖先无法使用的大得难以想象的数（具体见第28—31页）。

条形码用不同粗细的线条来表示数字：这些线条由计算机扫描仪读取，被计算机“视作”数字

数字和基数

使用以10为基数的计数制，称为十进制。实际上，不管使用什么样的系统，我们都会称之为“基数10”，因为这是定义基数的方式——这时我们放弃计数单位并开始使用计数组。

在按位计数制中，这意味着我们开始重新使用数字“10”表示“在我们所拥有的最大数字（即9）上加1”。在二进制系统中，2用10表示；在五进制系统中，5用10表示。对于我们来说“9+1”用10表示。

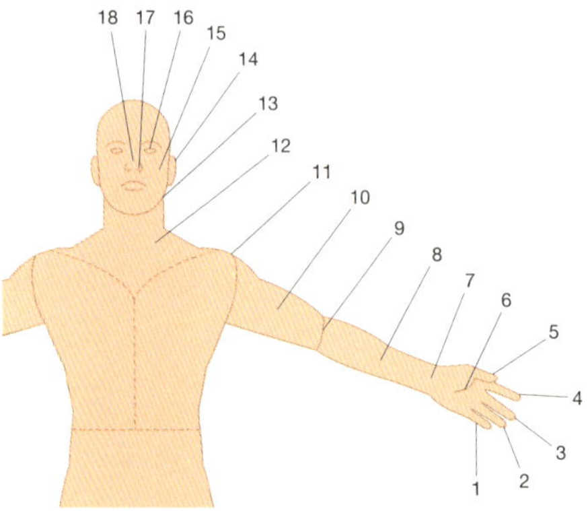

人们不仅仅依靠手指计数。巴布亚新几内亚法苏采用身体计数系统

手指和拇指

人类可能根据大多数人都有十根手指而发明了十进制。尽管很明显我们可以用手指来数数，但是不同的文化在不同的时代发展出了不同的计数方式。手指可以通过伸出或折起表示数字；关节可以和手指一起计数；一只手可以表示十个单位，而表示其他单位可能需要人与人之间的互动，例如握住或拉动手指。

欧洲和中东都使用了一种比普通手指计数更加复杂的高度完善的系统。它更像是一种手语，通过用手指做出形状可以数到10 000甚至更多。很明显，它被使用了很长一段时间，正如7世纪英国作家“可尊敬的”比德（Venerable Bede，约672—735）和16世纪波斯语辞典《法布纳吉吉汉吉里》（*Farbnagi Djihangiri*）所描述的那样。

回到进制

尽管人们明显地依赖手指作为计数辅助工具，但并非所有文化都使用十进制计数系统。的确，我们对使用了不同计数系统的文化有许多奇怪的权衡和考量。

二进制被用于计算机，因为它可以指定两种状态之一：真/假，或保持负电荷或正电荷。但也有些古代人类文明在使用二进制系统。澳大利亚一些最古老的部落使用一种以二和一来定义数字名称的计数系统。米尔恩湾的Gapapaiwa用Sago表示“1”，用Rua表示“2”，而后RuaMaSago为“3”（字面上是“2和1”），RuaMaRua（即“2和2”）为“4”，RuaMaRuaMaSago（2加2加1）为“5”。虽然它不同于计算机二进制，因为它使用1和2而不是0和1，但它仍然只有两个不同的数字。

用手指计数有许多种方式，最常见的方式是以5或10为基数

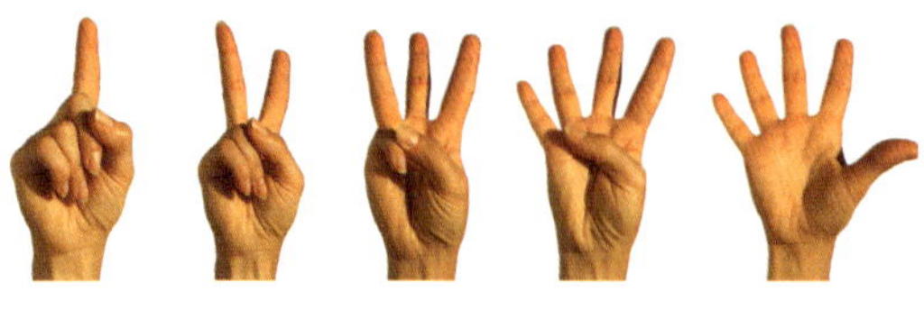

火地岛等南美洲部分地区的土著使用了基数为3和4的数字系统。四进制系统可能已经出现，

东方手指交易

几个世纪以来，阿尔及利亚和中国普遍存在着用手指来讨价还价的秘密制度。两位参与者需要知道他们正在谈判的大概价格——可能会以个、十、百或千计算。一个谈判者会握住另一个谈判者的食指表示1（或10或100），握住食指和中指表示2，以此类推。紧握整只手意味着5。在不同的地方，5以上的数字采用不同的方法。例如，在某些地方，6表示为两次抓住表示3的手指，在其他地方表示为抓住拇指和小指。谈判人员常常把手藏在袖子中，或者把手藏在长袍里，这样旁观者就看不到商定的价格。

贸易中的国际语言：一个游客与当地手工艺品商人在中国西安秦始皇兵马俑景点旁交易

因为大多数人可以直观理解而无需计算最多4个连续的项。由于这个原因，“五门闸”计数方法已被广泛用于计算从田间羊的数量到坐牢天数等。

卌 卌 卌 ‖

$=5+5+5+2=17$

“4的规则”隐藏在许多怪异的文化现象后。例如，在古罗马，前四个儿子被赋予了专有的名字，如马库斯或朱利叶斯，但在四个儿子之后，他们被赋予了数字名字：第五、第六、第七，等等。

一些文化使用五进制系统，包括说萨拉尔卡语的人，还有说南美阿拉瓦坎语的人、伊隆格特人、来自菲律宾和印度尼西亚的一些部落。印加人有一个命名数字至少达到10 000的五进制系统。很容易看出五进制系统如何从数一只手的手指数目演变而来。

其他常见的还有6进制、12进制和20进制。在一个复杂的系统中，12

十进制	1	2	3	4	5	6	7
二进制	1	10	11	100	101	110	111
三进制	1	2	10	11	12	20	21
四进制	1	2	3	10	11	12	13
五进制	1	2	3	4	10	11	12
六进制	1	2	3	4	5	10	11

十进制	9	10	11	12	13	14	15
十六进制	9	A	B	C	D	E	F
十进制	16	17	18	19	20	21	22
十六进制	10	11	12	13	14	15	16
十进制	23	24	25	26	27	28	29
十六进制	17	18	19	1A	1B	1C	1D
十进制	30	31	32	33	34	35	36
十六进制	1E	1F	20	21	22	23	24

和20进制经常与其他进制一起使用，其中低进制用于小的基数（直到5或10），高进制用于超过一定限度的数。例如，20进制长达80年在法国的四重奏中挥之不去。我们周围都有着12进制的痕迹，体现在广泛使用的“打”和“罗”（一罗为144=12×12），一英尺为12英寸和一年为12个月。

许多物品是以与十进制无关的数量进行交易的——如按打出售的鸡蛋

古代苏美尔人有一个60进制系统。很明显我们很难记住60个不同的数字名，故对于较小的数字，他们使用10进制。

从巴比伦人那时至今，我们都知道一分钟有60秒、一小时有60分钟；当我们写2小时14分钟38秒时，我们使用的是他们的60进制系统。现在仍不完全清楚为什么他们使用60进制，但是60有很多因数，造就了一个很有用

的进制。阿拉伯数学家在天文学中使用60进制，通常转换成10进制来完成困难的计算，然后移回60进制来表示他们的最终结果。

卡通计数

卡通人物通常被画成三个手指和一个拇指。如果我们都进化成霍默·辛普森的样子（虽然我们可能不那么黄，更苗条，头发也更多），我们现在可能会使用8进制计数系统，其中“10”个甜甜圈会变成仅仅8个。

一台电脑有几根手指?

对于大于10的进制，需要用其他符号来表示十进制中没有的数字。计算机以二进制或十六进制（即$16=2^4$）计数。我们使用字母表里的字母来表示十六进制法中的9到10（=16）之间的数字。

显然，10以上的所有数字根据所用的进制的不同表示了不同的意义，所以有很多混乱的地方：十六进制中的“11”代表十进制中的17。计算机书籍通常在十六进制数之前使用#号，所以“#11”=17（23将用#17

什么时候1000不是1000呢?

尽管为了方便，我们把一个千字节视作1000字节，把一个兆字节视作1000千字节，但这些术语是模棱两可的，在不同的语境中意味着不同的数字。由于计算机通过二进制工作，通常使用一个千字节来表示1024（$=2^{10}$）字节，用一个兆字节来表示1024千字节（=1 048 576字节）。但相应地，它们也可以分别指代1000字节和100万字节。为了消除这种混乱，1998年引入了字节单位Mib（兆字节）和Kib（千字节）。一个Kib现在公认是1024字节，一个千字节则是1000字节；一个Mib现在公认是1 048 576字节，一个兆字节则是1 000 000字节。

但是混乱仍然存在。在普遍应用中，一个兆字节在测量硬盘规模的时候是10^6（=1 000 000）字节，在测量计算机内存的时候是2^{20}字节（1024×1024字节），在测量USB闪存或旧的1.44MB的软盘时是1 024 000（=1000×1024）字节。在这些系统中，1字节都等于8比特。

表示）。

因为计算机是十六进制的，所以一些奇怪的数字也开始悄悄地回到日常生活中。例如，我们仍然可以买一打鸡蛋，也可以买一张存储512MB数据的存储卡，或者一个存储8GB的iPod。十进制并没有完全取代一切。

更多的数字，越大和越小

人类最开始使用的数字和真实世界的对象直接相关，它们是正整数。但是现在，这些并不是我们认识的全部数字。随着时间的推移，我们开发出负数将空缺值量化，用来表示数值小于1的片段或部分，及表示一些值过大以至于用正常的系数难以表示的数字的方法。我们甚至已经发明了一种讨论复数的方法。

整数

整数包括正整数、负整数和0。正整数和负整数从0（不包括0）开始向两边无限延伸。正整数和0被称作自然数。正整数有着特殊的地位，因为它们可以和现实生活中的单个物体一一对应。为了方便，无穷被给予一个无限大的数，即计数的结尾——尽管这从不存在，因为不管一个数多大，我们都可以一个一个地增加。无穷用符号∞表示，其第一次被使用是在约翰·沃利斯（John Wallis）于1655年出版的《圆锥曲线论》一书中。

温度计上的刻度跨越了摄氏或华氏零下温度和零上温度，这是人们熟悉的负数应用示例

小于0 的数

负数并不与物质世界直接相关，因为我们不能数出负数数量的东西，例如，我们不可能看到负两头奶牛。但是一旦所有权的概念出现了，负数就有了意义。它们被用来描述债务（欠的钱或商品）。它们也被用在一些标度，比如温度的测量中。

负数第一次在中国古代数学文献《九章算术》中提到。这部

> 上帝创造了整数，其余所有的数都是人造的。
>
> ——利奥波德·克罗内克（Leopold Kronecker，1823—1891）

著作由公元前2世纪到公元1世纪的多位作者编撰而成。巴赫沙里手稿——一个没有确切日期（但不晚于7世纪）的印度文献——也使用负数，尽管印度人还在被“+”所困惑。负号在1489年第一次被约翰·维德曼（Johannes Widmann）用来表示负数。正是通过印度数学文献，负数进入了西方数学。

部分和整体

一些东西是不可分的——我们不能说两个半人或者三分之一颗沙子。但是有些东西，以及大多数度量尺码，都能被分成小于一个单位的部分。一个面包可以分成两半，一个人可以喝三分之一瓶酒，或者一根棍子也许是半米长。分数是用来表示一部分的一种极其有效的方式。

分数可以表示为一个数（分母）被另一个数（分子）所除，比如1/4（1被分成四份）。分数属于有理数。它表达了数之间的比例，正如1/4表示1∶4。在一个以小数点形式表示的分数中，小数点后面的数根据它们的位置表示了十分之一，百分之一，千分之一，等等。

小数点形式的分数也能表示无理数——那些不是两个数的比但是小数点后却有无空位不循环的数。无理数给很多数学家带来了难题（见第56页）。波斯数学家兼诗人奥马·海亚姆（Omar Khayyam，1048—1131）认可了所有的正数、有理数和无理数。

在横线上方还是下方

公元前1000年左右，古埃及人使用一种独特的、令人费解的分数形式。古希腊人则在500年后效仿了他们。在古代印度，耆那教数学家在公元前150年写了一些含分数的运算。

使用横线写分数，将

很多东西都可以被分得越来越小，但一块分成碎屑的面包基本没有什么用处

> 六十进制和六十在数学中很少甚至从来没有被使用过；千分之一和千，百分之一和百，十分之一和十，还有一些相似的级数，升序和降序，被频繁使用。
>
> ——弗朗索瓦·韦达（François Viète），1579

分母和分子分开的现代方式源于把一个数字写在另一个数字上方的印度方式，这种方式在《婆罗摩修正体系》中被使用。阿拉伯数学家添加了横线来分开这两个数字。第一个像现在一样使用横线的欧洲数学家是斐波那契。

开始谈"点"

公元前2800年左右，小数点形式的分数在古印度的单位测量中被应用。在印度河峡谷地带（今古吉拉特邦）一个名叫莱瑟姆的残骸的考古学遗迹中发现了0.05、0.1、0.2、0.5、1、2、5、10、20、50、100、200和500单位的重量（一个单位大约是28克或一盎司的重量）。阿布·哈桑·艾哈迈德·伊本·易卜拉欣·阿尔-乌格利迪西（Abu'l Hasan Ahmad ibn Ibrahim al-Uqlidisi，约920—980）编纂了第一本关于小数点分数使用的阿拉伯教科书。在12世纪，伊朗数学家伊本·叶海亚·阿尔-马格里布·阿尔-萨玛瓦尔（Ibn Yahya al-Maghribi al-Samaw'al）提出了怎样使用小数点来表示无理数的大概数值的系统解决方法。

布鲁日的西蒙·斯蒂文雕像。除了在科学和数学领域的工作，他还发明了第一艘能像马一样快速行驶的陆地游艇

小数点传入欧洲相当之晚。弗朗西斯科·佩洛斯（Francesco Pellos）在1492年于意大利出版的著作中，似乎就使用了小数点把个位和1/10划分开来，但他的工作并没有展示对他已经完成工作的严谨理解。克里斯托夫·鲁多尔夫

（Christoff Rudolff）参与了1530年德国会计教科书的编写，展示了对如何使用小数点的充分理解，尽管他使用水平横条而不是小数点。第一个关于小数点的欧洲论述由西蒙·斯蒂文（Simon Stevin）在1585年编写，并且他因将小数点引入欧洲而被普遍认可。斯蒂文使用的符号不同于我们现在所用的符号，他以

5⓪ 9① 1② 2③

这样的形式写5.912。

法国数学家弗朗索瓦·韦达（François Viète，1540—1603）试验了几种不同的小数点分数。他试着将分数部分提起并加下划线（$627{,}125\underline{512{,}44}$），并将小数点表示成其中一部分（$627{,}125\frac{512{,}44}{1{,}000{,}000}$），使用竖线将整数和小数部分分开写成627,125|512,44，并用黑体形式表示整数部分（**627,125**,512,44）。小数点由意大利地图制作家、天文学家，也是开普勒的朋友乔凡尼·马吉尼（Giovanni

弗朗索瓦·韦达为纳瓦拉王国的亨利宫廷工作。通过破解西班牙人使用的一个密码，他使法国人能够读取敌人的指令

古埃及分数

古埃及人有一种奇怪的运算分数的办法。他们用特殊的符号：

表示一半，

表示 2/3。由此，分数通常被写成符号

在分母之上的样子，这被视为用常见的古埃及符号表示数字。因此，用

表示 1/7。

然而，$\frac{2}{3}$是个例外，古埃及人只用统一的分数（分子均为1），这就没办法表示不为1的分子，所以就不可能写出$\frac{2}{5}$或者$\frac{3}{7}$。让事情更复杂的是，不允许重复使用分数，所以$\frac{2}{5}$不能被写成$\frac{1}{5}+\frac{1}{5}$。相反，必须找到一种方式以特殊形式表示$\frac{2}{5}$：

$$\frac{2}{5}=\frac{6}{15}=\frac{5}{15}+\frac{1}{15}=\frac{1}{3}+\frac{1}{15}。$$

约翰·纳皮尔——对数的发明者——认为世界将在1688年或1700年终结

Magini，1555—1617）最早于1592年使用。即便如此，科学记数法直到20年以后，约翰·纳皮尔（John Napier）在他的算法表中使用的时候，才得以流行。纳皮尔在1617年建议可以使用句号或者逗号，并且在1619年选定了句号，尽管许多欧洲国家仍然使用逗号作为十进制的分隔符。

越来越大

尽管分数和十进制提供了小数值数字的书写方法，但随着科学的发展，人们逐渐需要表示与讨论那些具有越来越大数值的数字。

科学计数法用10的指数来表示非常大的数字和非常小的数字。10的指数表示了在十进制小数点前有多少位和在十进制小数点后有多少位。例如，10^{18}表示1后面有18个0，而10^{-18}则表示十进制小数点后有18位，最前面17个0后面接一个1。这种表示方法可以用来表示10的指数幂的倍数。例如，由于$10^3 = 1000$，因此$6.93 \times 10^3 = 6930$，$6.93 \times 10^{-3} = 0.00693$。相比一长串数位，科学计数法更易理解，并且书写更加紧凑。

古戈尔（Googol）和古戈尔普勒克斯（Googolplex）

古戈尔和古戈尔普勒克斯是美国数学家爱德华·卡斯纳（Edward Kasner，1878—1955）的侄子米尔顿·西罗蒂（Milton Sirotta，1911—1981）在9岁时发明的。古戈尔是指1后有100个0；古戈尔普勒克斯是指1后有古戈尔个0。

这些数字都大得出奇。在已知宇宙中，基本粒子数目少于一古戈尔（基本粒子是亚原子的，也许在宇宙中存在10^{81}个）。如果你能以标准的10的指数幂写下一古戈尔普勒克斯，这将会比已知宇宙半径的5×10^{68}倍还要大。如果以每秒两位数字的速度书写，则将要耗费宇宙年龄的10^{82}倍才能完成。

数沙子的人

据世界上最早的研究文献之一记载，公元前3世纪阿基米德（Archimedes）吹嘘说，通过使用伊奥尼亚数字系统和他自己创造的能够高效使用指数并以一万，或者说10 000为基数的符号，他能写出一个数，这个数比用来填满宇宙的沙子粒数还要大。他又用了一万万，或者说100 000 000的指数，阿基米德对宇宙尺寸的估测比前人预测都要大，已经近乎于现代的估测了。他给出的数字是8×10^{63}粒沙子。

科学计数法的首次使用并不为人所知，但在1863年的百科全书中已经出现了如下文字：

一电流力等于1米除以1秒的10 000 000 000倍，即10^{10}米/秒

科学记数法	美国名称	欧洲名称
10^{3}	千	千
10^{6}	百万	百万
10^{9}	十亿	千百万（十亿）
10^{12}	万亿	万亿
10^{15}	千万亿	千十亿
10^{18}	百万的三次方	百万的三次方
10^{21}	千的七次方	百万的三次方的1000倍
10^{100}	古戈尔	古戈尔
10^{303}	千的101次幂	—
10^{600}	—	百万的一百次幂
$10^{古戈尔}$	古戈尔普勒克斯	古戈尔普勒克斯

10的100次幂，或1跟随1古戈尔个0

科学计数法的使用也规避了较大数字在美国和其他地方的不同表示方法引起的混乱。尽管数字在小于百万时的表示方法相同，但大于百万时就不同了。美国的十亿是千百万（10的9次方），而旧时欧洲的十亿是百万百万（10的12次方）。10的9次方在旧时欧洲只被称作千百万。对于更大的数字，欧洲人也用这样的模式。

科学和数学证明需要书写更大的数字，即使科学计数法也显得笨拙且难以操作。解决这个问题的方法包括使用^和→来表示指数的指数，甚至使用多边形形状来代表指数。

1976年，唐纳德·克努特（Donald Knuth）提出用记号^表示幂。表达式n^m指的是n的m次幂（m个n相乘）。

n^2 = n^2　3^2 是 $3^2 = 3 \times 3 = 9$
n^3 = n^3　3^3 是 $3^3 = 3 \times 3 \times 3 = 27$
n^4 = n^4　3^4 是 $3^4 = 3 \times 3 \times 3 \times 3 = 81$

将n ^ ^ m中^符号加倍，表示“计算m的n ^ n 次”，n ^ ^ ^ m表示m的“n ^ ^

有史以来最大的数

在任何理论数学问题中被引用的最大的数称为格雷厄姆数（Graham's Number），以美国数学家罗纳德·格雷厄姆（Ronald Graham，右图）命名。它是格雷厄姆发明的，被用来作为问题的可能解决方案的上限。这样的数字如此之大以至于不可能以指数形式把它写出来。据说即便宇宙中所有的物质都变为墨水，都不能完整地写出这个数。讽刺的是，专家们怀疑最初问题的真正答案是“6”。

m”次。

所以，

3^3是3^3 = 27

3^^3是3^（3^3）= 3^{27}= 7 625 597 484 987

将^符号增至3倍到^^^会迅速增长得到巨大的数字：

3^^^3是3^^（3^^3）=$3^{7\,625\,597\,484\,987}$^$3^{7\,625\,597\,484\,987}$

随着符号^的数量越来越多，数字变得越来越难以书写（大得难以想象）。约翰·康威（John Conway）在1937年建议通过使用右键头→代表∧符号的数量。

因此n^^^4可写为n→4→3。

另一种方式，称为迭代幂次，将$n^{n^{n^{n}}}$表示为^{4}n。

所以，$^{4}2$即为$2^{2^{2^{2}}} = 2^{2^{4}} = 2^{16}$ = 65 536。

另外一个系统——施坦因豪斯-莫泽计数法——使用多边形内嵌数字的方法表示同底同幂的数。

$\triangle n$表示n^n。

因此$\triangle 2$=2^2=4，$\triangle 3$=3^3=27。

$\boxed{n}$等同于n在n个嵌套的三角形中。在每个阶段，对数字进行计算并且用于下一阶段。因此，$\boxed{2}$相当于$\triangle\triangle 2$。第一个嵌套的三角形运算值是2^2=4，所以下一个嵌套的三角形运算值是4^4=256。一个五边形中的n即⬠n等同于n在n个嵌套的四边形中。最初，这是施坦因豪斯系统的极限，他用ⓝ来表示n的运算。

②从256^{256}开始，以同样的方式计算256次。施坦因豪斯把数字②命名为mega，把⑩命名为magiston。莫泽数是mega条边的多边形内嵌数字2。

继续前进

现在我们具备了足够大的数，我们可以开始把它们投入使用。研究数字本身的是纯数学；当数字被应用于其他学科时则是应用数学。开始将数学应用到许多实际问题——例如建筑、经济、航空航天——之前，一种文化必须先至少发展一点纯数学，所以我们将从数字的理论开始谈。

第2章
数字的启用

计数是一个很好的开始，但任何更复杂的数字应用都需要用到计算。计算的基本法则——加、减、乘、除——很早就在实际中应用了。

自从开始以这种方式处理数字，人们就注意到出现了某种规律。数字似乎在玩把戏，它们有自己的逻辑方式，凭着自己神奇的性质带给我们惊喜。有些很简明，但很巧妙——比如用两位数乘以11时，我们可以仅仅通过把两个数字相加，然后把结果放到中间来得到答案：63×11=693（6+3=9，把9放在6和3中间）。

有些计算的复杂程度令人惊叹。数论，包括算术，涉及的是数字的性质。古人赋予数字特殊的力量，使之成为神秘信仰和魔法仪式的中心。现代数学家则宣扬数字之美。

约1890年，一名男子在一家日本剑器店使用算盘

计数的演化

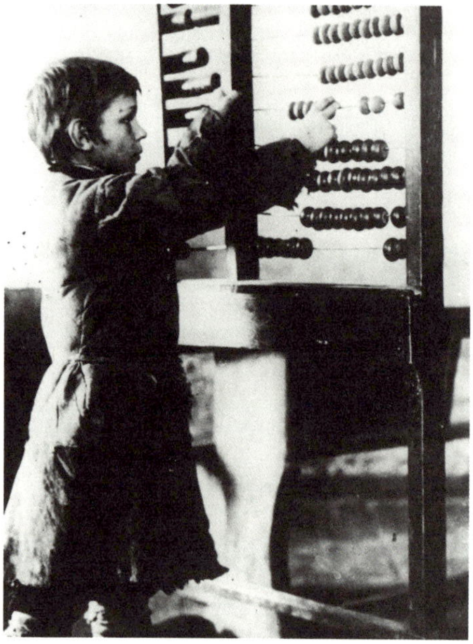

1920年，一名苏俄学生在数学课上使用俄罗斯算盘。算盘在俄罗斯目前仍被广泛使用，但学校除外

算术规则为古人提供了计算简单求和的方法，但随着涉及的数字越来越大，辅助计算工具及电子计算器变得越来越重要。简化加、减、乘、除的工具很早就出现了。在过去几个世纪，简单的辅助计算工具已远远不够，我们处理数字的工具变得越来越复杂，同时技术也更成熟，直到现在我们有了计算机，可以在几分之一秒内完成对早期数学家来说不可思议的计算。

绳子、贝壳和棍子

最早的数学工具是辅助计数工具，如标签、珠子、贝壳或石头。西非的约鲁巴人用贝壳来代表物体，他们总是以5、20或200为一组来计数。其他文明则使用了不同的东西。

中美洲的印加文明没有书面数字系统，而是用“奇普”（khipu或quipu）——一组打结的绳子——来记录数字。奇普由彩色的羊驼毛或美洲驼毛组成，有时也可以是挂在绳子上的棉花。它可以用来记录货物的所有权，计算和记载税收，普查人口数据，以及记录日期。印加会计被称为quipucamayocs，或称“绳结保管人”，他们可以读取绳结。显然，不同颜色的绳子可以用来记录不同类型的信息，例如有关战争、税收、土地等的信息。

北美洲的一些部落也使用一种叫作wampam的打

被用作计数工具和货币的贝壳

扭结问题

一组绳结在奇普上的位置表示该绳结代表个位、十位还是百位等。特定的位置上没有结表示零。10和10的幂用简单的结串表示，30就是在“10”的位置上打三个简单绳结。个位由一个长结表示，结上的圈数代表数字，所以一个结上有七个圈表示7。打一个只有一圈的长结是不可能的，所以1可以用八字结来表示。奇普可以记录如人口普查或作物收获和储存的详细信息。

虽然奇普看起来像一个装饰性的流苏，但它是一个精细的会计辅助工具。这一件是约1430—1532年在秘鲁制造的

结的绳子，皮革带中的绳结也被古代波斯人、古罗马人、印第安人、古代阿拉伯人和古代中国人在不太复杂的情景中使用。

在巴布亚新几内亚，人们用绳子来记录金唇珠贝的贸易。在德国，烘焙师一直使用打结的绳子来记录烘焙订单，直到19世纪末。在19世纪以前，秘鲁、玻利维亚和厄瓜多尔的牧民使用奇普形式的计数工具，他们用白色的线记载绵羊和山羊的数量，用绿色的线记载牛的数量。

实践证明，这种做法通过了历史的考验。在中国西藏，打结的祈祷绳

在伊拉克的拉加什发现的一块约公元前2500年的泥板，记录了山羊和绵羊的数量

仍被用来帮助藏传佛教徒记录他们的祈祷；穆斯林念珠和天主教念珠也有同样的功能。

乘法表

用于查找计算结果（尤其是乘法）的数表，已经使用了数千年。出土的公元前1800年左右的泥板保存着古代美索不达米亚使用的乘法表。编写普通算术运算结果表的想法与书面的数学运算一样古老。巴比伦的数学家把他们的工作记录在泥板上；其中许多泥板上都有乘法、平方、立方及其根和倒数的计算表。

串珠和木板

有些古代文明发展出了相当巧妙的工具和系统来帮助计算。其中比较著名的是算盘，它是大约公元前3000年在美索不达米亚发展起来的，现在在一些东方文化中仍在使用。它最初是一块覆盖着沙子的木板，在巴比伦被用来排列数字或书写，后来发展成一种带有线条或凹槽的柜台板。现代算盘的计数器是穿过螺纹杆或金属丝制成的，虽然需要更进步的技术才能

财富的展示

在英国，财政部长名字——“财政大臣”一词源于“国库板”（exchequer）的使用。“国库板”是一种计数板，其设计类似于用作算盘的棋盘。

财政部是中世纪英国的一个机构，负责掌管王室的财政收入

对数

对数提供了一种计算除法和乘法的快速方法。它们的原理是，两个数相乘时它们的指数可以相加。

$10^1=10$

$10^2=100$

$10^1\times10^2=10^3=1000$

它们的指数运算过程为：$1+2=3$

数n的对数作为底数（这里是10）的幂得到的是n。所以10的对数是1，因为$10^1=10$；100的对数是2，因为$10^2=100$。2的对数是0.30103，因为$10^{0.30103}=2$。

任何两个数都可以通过对数相加来得到它们的乘积。所以$\log_{10}10+\log_{10}100=\log_{10}1000$。下标表示我们使用以10为底的对数，即对10的幂进行运算。

$2^4\times2^{10}=2^{14}$

（$16\times1024=16\ 384$）

所以以2为底，16的对数是4。对数可以用任何底数构造。

生产，但使用的方式大致相同。

一个珠子或计数器的位置表示它代表个位、十位还是百位，等等。一个熟练的使用者可以以极快的速度移动珠子或计数器，计算速度与后来的许多电子计算器一样快。直到20世纪20年代，在伦敦金融城接受会计培训的人还被要求必须能够使用算盘和算术方法。

算盘是16世纪传到日本的，现在在日本、中东和中国的一些地区还有使用。早期的中国数学家把不同长度的棍子放在一个特制的桌面或木板上的矩阵中。这个工具的原理与算盘相似，棍子的位置代表了它们的数值。在欧洲，商人们一直在使用算盘，直到17世纪之后随着阿拉伯数字的兴起，算盘逐渐被算术算法取代。

某些早期的阿拉伯数学家从印度学习了计算的基本算法，公元950年左右，阿布·哈桑·艾哈迈德·伊本·易卜拉欣·阿尔–乌格利迪西（Abu'l Hasan Ahmad ibn Ibrahim al-Uqlidisi）改进了它们，使其便于用笔和纸进行计算，而不是传统的印度算板。

更加棘手的计算

随着科学和商业变得更加先进和复杂，处理大量的数字、分数和小数的需求也增加了。计算变得困难且费时，人们也在寻求处理这些计算的便捷方法。17世纪早期，苏格兰数学家约翰·纳皮尔发明了最巧妙、最持久的解决方案——对数。

对数表是由瑞士数学家约斯特·比尔吉（Joost Bürgi）在1620年首次发表的，他在1603—1611年间独立于纳皮尔发现了对数。要使用对数，首先要查找要乘的数的对数，把它们加起来，最后查找结果的反对数。除法时，必须先用一个对数减去另一个对数，然后再查反对数。

对数还提供了一种求数的乘方和根的简便方法。求平方，则将对数乘

约翰·纳皮尔

约翰·纳皮尔（John Napier，1550—1617）是苏格兰数学家和曼彻斯通（Merchiston）的第八任领主。他13岁进入圣安德鲁斯大学学习，但没拿到学位就离开了。他最出名的成就是发明了对数以及计算设备“纳皮尔筹”。纳皮尔大约在1594年开始研究对数，并于1614年出版了其专著《奇妙的对数表的描述》（*Description of the Marvelous Canon of Logarithms*）。纳皮尔筹由一组用于计算的小棒组成，它们是计算尺的先驱。

纳皮尔同时也是火炮的发明者，他向苏格兰的詹姆斯六世提议制造一种类似坦克的东西——一种有发射孔，可以用来发射小口径炮弹的金属战车。他还是第一个使用点符号作为小数点来分隔小数部分的人，并以此闻名；同时，他的对数表是第一个以现代样式使用小数点的文档。他激进地反对天主教，认为教皇是反基督的。

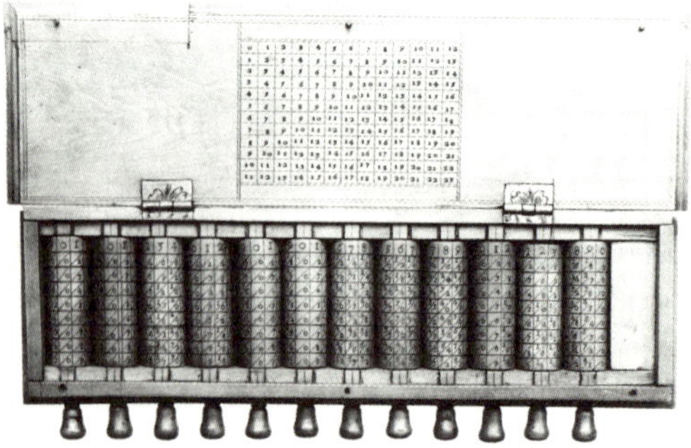

“纳皮尔筹”中的小棒包含了乘法表，乘法表使计算简单很多，但它们的原理与对数不同

关于e

在数学中，e是一个非常重要的数字。它（在其他方法中）被定义为下列数列中所有数字的和。

$$\frac{1}{0!}+\frac{1}{1!}+\frac{1}{2!}+\frac{1}{3!}+\frac{1}{4!}+\cdots$$

n！表示n的阶乘（n乘以小于自身的每个数字，因此4！=4×3×2×1=24）。

按照规定，0！=1，所以

$$e=1+1+\frac{1}{2}+\frac{1}{6}+\frac{1}{24}+\frac{1}{120}+\cdots$$

它是无穷级数的一个例子，因为右边的项数是无穷的。

以2，再求反对数；求平方根，则将对数除以2，再求反对数。求立方，则将对数乘以3，再求反对数；求立方根，则将对数除以3，再求反对数，依此类推。在西方学校里，孩子们一直被教导如何使用对数表，直到20世纪末电子计算器终于承担了复杂计算的角色。

对数的发展使许多其他事情成为可能。对科学家来说，复杂的计算，特别是天文学的复杂计算，变得容易了许多。因此，这一领域的发展也加快了。没过多久，对数就从印刷表上转移到物理计算设备上进行计算。第一个实例是由英国人埃德蒙·甘特（Edmund Gunter）于1620年开发的甘特氏尺规。它是一个上面印有对数的大型平面比例尺。旁边附有一对脚规，水手们可以用它来乘除计算距离。

从17世纪后期开始，计算尺作为计算器之王被使用了300年。它在20世纪70年代被袖珍计算器取代

虽然以10为底的对数几乎不再被使用（其功能已被计算器和计算机取代），但以e为底的对数（自然对数）仍然被广泛用于科学中。

计算尺是一种可以持久有效使用对数计算的机械计算器。第一个计算

尺是由威廉·奥特德（William Oughtred）在1632年左右设计的，它是圆形的。计算尺在一个刻度上显示十进制数字，在另一个刻度上刻有对数。通过正确地排列刻度，就可以读取出两个数的乘积。

机械计算器

尽管与用纸和笔进行计算相比，图表和计算尺已经有了很大的优势，但是新兴科学，尤其是天文学，以及商业、金融和航海所带来的巨大计算负担迫切需要更好的计算器辅助解决。

1642 年3月，布莱士·帕斯卡（Blaise Pascal）为了帮助他的父亲（法国鲁昂的一位行政长官）处理复杂的税收数据首次尝试使用计算器。帕斯卡计算器，由一个盒子组成，盒子里有一连串互相连锁的齿轮。一个齿轮完整地旋转一圈可以使相邻的齿轮旋转十分之一圈。它只能进行加减运算，而且在当时并不是非常有用，因为当时的法国货币不是十进制的：12旦尼尔等于1索尔，20索尔等于1里弗。（这与1970年以前英国使用的12便士兑1先令、20先令兑1英镑的货币体系相同。）

早在1623年，威廉·契克卡德（Wilhelm Schickard，1592—1635）设计了一种同样使用旋转齿轮的机器——计算时钟。他做了一个原型机，但在一场大火中被毁了，可能还做了第二个，但一直下落不明。契克卡德死于腺鼠疫，他的发明也湮没在历史中。然而，在20世纪发现的他的手稿（包括写给天文学家约翰内斯·开普勒的信）描述了他的发明，使他的机器在1960年得以重现。

戈特弗里德·莱布尼茨（Gottfried Leibniz）用帕斯卡计算器的原理开发出一种能够处理加减乘除的全功能计算器。和帕斯卡一样，莱布尼茨也是个神童。他8岁就学会了拉丁语，19岁就获得了第二个博士学位。1674年他在巴黎制造了他的第一个“步进计算器”模型。它的主体为一个中央圆柱体，带有一套不同长度的杆状齿，沿滚筒延伸。这就形成了一连串的齿轮。尽管莱布尼茨才华横溢，但他还是因贫困而去世。1879年以前，莱布

> 聪明人不值得在计算上浪费时间，那样是像奴隶一样的重复劳动，交给别人用机器算就可以了。
>
> ——戈特弗里德·莱布尼茨（Gottfried Leibniz）

布莱士·帕斯卡

法国数学家、物理学家以及哲学家布莱士·帕斯卡（1623—1662）奠定了概率论的基础，并发明了第一台数字计算器。他很小的时候母亲就去世了，全家搬到了巴黎，他的父亲负责起了他的教育。帕斯卡是一个天才，他在18岁时发表了其关于数学的第一篇论文。除了设计计算器，他还研究了压力和水力学，阐明了帕斯卡压力定律，并制作了一个充满水银的气压计。三十多岁时，他经受了一次信教经历，接受了严格的詹森主义道德规范，并于1655年进入皇家港修道院，对数学失去了兴趣。

帕斯卡计算器可以处理最大到9 999 999的数字，但只能用于加法和减法。它是通过移动表盘来操作的，计算结果在表盘上方的窗口中显示

尼茨计算器的原型机一直被忽视，并藏在德国哥廷根大学的阁楼里。

18世纪出现了一大批计算器，它们的原理与帕斯卡和莱布尼茨的计算器原理相同，但没有一台真正在商业上获得成功，受限于机械原理它们永远不可能轻易地被上手使用。

第一台成功的计算器是由查理·沙维叶·托马·德·科尔马（Charles Xavier Thomas de Colmar，1785—1870）在法国制造的。他的四则计算机工作原理与莱布尼茨的计算器相同，可以轻松地完成所有四则运算。1820 年至 1930 年，一共售出了 1500台，并且其他制造商也相继推出了类似的设备。

向计算机发展

排障器

巴贝奇还发明了排障器——安装在火车前部的金属框架，用来清除轨道上的障碍物。

现代计算机的前身通常被认为是由查尔斯·巴贝奇（Charles Babbage，1791—1871）设计的分析机。在巴贝奇的时代，复杂的计算依靠包含对数的数字表，它汇编于人们叫作“计算机”的机器上。这些表格往往有很多错误——巴贝奇的目标是制造一台可以执行计算并且避免出错的机器。

随后，他开始设计第一台这样的机器——差分机。差分机1822年被设计出来，用于计算多项式函数（包含两个及两个以上项的函数，如$4x^2+5x$）的值。他设计的第一台差分机包含大约25 000个零部件，总重量达15吨。它预计有2.4米（8英尺）高。巴贝奇没有建造它，而是设计了一个改进版本——差分机2号。巴贝奇没有成功，但是1989—1991年伦敦科学博物馆按照他的设计建造了差分机，在巴贝奇那个时代的工程水平下，在第一次试验中，它解出了一个精确到31位数的解。

巴贝奇放弃了差分机的计划，开始了一个更加雄心勃勃的项目——设计一种可以接受穿孔卡片上程序指令的分析机。这次他也没有真正地制作它，而是不断完善设计。数学家阿达·洛芙莱斯（Ada Lovelace）

提花织机

1801年，法国人约瑟夫·玛丽·雅卡尔（Joseph Marie Jacquard）发明了机械提花机，用穿孔卡片来储存一个编织图案，并控制织布机来复制图案。这是第一个由穿孔卡片控制的机器，尽管它完全是机械化的而不是计算机化的，但它被认为是迈向计算机编程征程中重要的一步。

> 提花织机织出了红花与绿叶，而分析机编织着代数的图案。
>
> ——阿达·洛芙莱斯（Ada Lovelace）

伯努利数											
n	0	1	2	4	6	8	10	12	14	16	18
B	1	$-\frac{1}{2}$	$\frac{1}{6}$	$-\frac{1}{30}$	$\frac{1}{42}$	$-\frac{1}{30}$	$\frac{5}{66}$	$-\frac{691}{2730}$	$\frac{7}{6}$	$-\frac{3617}{510}$	$\frac{43\,867}{798}$

读了他的设计，并编写了一个使用分析机来计算伯努利数的程序。

伯努利数是数论和分析学中重要的正负有理数序列。从巴贝奇对机器的构想到真正建造出占据一整间房屋的只用于算术运算的计算机，我们已经走了很长一段路。不过在谁创造了第一台计算机的问题上，依旧存在一些争论。

德国工程师康拉德·楚泽（Konrad Zuse，1910—1995）在1941年制造了第一台二进制计算机

为了庆祝巴贝奇诞辰200周年，伦敦科学博物馆建造了差分机2号。它运行得很好

尽管“巨人”有一个房间大，但它的处理能力却不如iPad。战后，英国政府否认它的存在

奥古斯特·阿达·金，洛夫莱斯伯爵夫人
——“平行四边形公主”

奥古斯特·阿达·金（Augusta Ada King，1815—1852），通常被称为阿达·洛芙莱斯，是诗人拜伦勋爵和安娜贝拉·米尔班克的女儿；这对夫妇在她出生两个月后就离婚了。她的母亲希望数学教育能够根除阿达可能从她父亲那里继承来的疯狂，并聘请伦敦大学学院数学第一教授奥古斯都·德·摩根来教她。

1833年左右，阿达第一次对巴贝奇的作品产生了兴趣。在1842年至1843年的九个月里，她翻译了意大利数学家路易吉·梅纳布雷亚（Luigi Menabrea）关于巴贝奇的分析机的著作。尽管她使用分析机计算伯努利数的指令从未真正实现过，但这仍被广泛认为是世界上第一个计算机程序。阿达和巴贝奇一起工作，直到医生们为了治疗她的子宫癌而对她进行了过度的放血治疗导致她英年早逝。

Z3，但是它只有部分可编程。世界上第一台完全可编程的计算机是二战期间托米·弗劳尔斯（Tommy Flowers，1905—1998）为英国特勤局（Secret Service）设计的“巨人”（Colossus），用于破解德国军队的高级密码。第一台“巨人”计算机在1944年初投入使用，在二战结束时英国已经建造了十台“巨人”计算机。然而，大部分“巨人”计算机在战争结束时被销毁，且英国政府多年来拒绝承认他们曾经制造“巨人”计算机。此时美国趁虚而入，声称拥有第一台电子数字计算机——埃尼埃克，这台计算机由约翰·莫奇利和约翰·埃克特在1946年制造。战后，巨大的计算机主机被生产出来，供工业、政府和其他大型组织使用，商业计算机产业由此诞生。早期的计算机价值几十万美元，通过使用穿孔纸带或穿孔卡片来工作。它们没有屏幕和键盘，主要用于科学、军事和金融中。

可以拿在手上的计算机

1958年，在美国德州仪器公司工作的杰克·基尔比发明了微芯片，让每个人都能使用计算机成为了现实。微芯片或集成电路，通过使用蚀刻技术将复杂的电子系统所需的所有电路封装到一个微小的硅晶片上。它实现了以前大型计算机的微型化。

芯片往事

1952年，英国国防部的一名工作人员杰弗里·杜默（Geoffvey Dummer）首次发明了微芯片。然而，英国国防部拒绝为研发提供资金，7年后杰克·基尔比（Jack kilby）在美国申请了专利。

微芯片促使20世纪70年代第一台手持计算器和个人电脑的出现。1971年开发的英特尔4004是第一个微芯片，这预示着计算机设计的革命。随着制造技术的进步，可装在微芯片上的指令数量每年都翻一番。现代的微芯片可以容纳直径小于1微米（百万分之一米，或千分之一毫米）的晶体管。微芯

微芯片上的电路太小，无法用肉眼看到。微芯片无处不在，几乎存在于我们所有的科技产品中

π值的片段

1949年，首次通过电子计算机（埃尼埃克）对π进行了计算。在70小时内产生了2037位数字。2000年在中型PC（个人电脑）上运行的类似程序花了一秒钟就能达到相同的结果，它的运行速度大约是埃尼埃克的25万倍。

片无处不在，它控制着我们的飞机、汽车和家用电器——它们甚至便宜到可以放进生日贺卡里，贺卡一打开就会播放音乐。

计算机的速度和能力以惊人的速度持续增长。1969年用于将人类送上月球的计算机如今可以被一部手机所取代。

最快的超级计算机每秒可以执行数以百万亿次的操作，这比标准台式计算机快一百万倍。到2010年，超级计算机每秒可以运算10千万亿（10^{18}）次。

我们对计算机的需求也在不断增加。解码DNA、分析来自外太空的辐射以寻找刻意发送的信息的迹象，以及以最高的分辨率播放数字电影仍然需要数小时甚至数天的专用计算机时间。下一代计算机可能会完全抛弃硅电路，并转向量子计算机，利用物质的亚原子特性来存储和处理数据。

早期计算辅助工具旨在加快运算速度。计算机首先做到了这一点，以方便进行批量计算，节省时间并给出准确的结果。只要可以按逻辑步骤指定任务，计算机就能处理极其复杂的任务。这促进了逻辑及其表示法的发展，甚至为计算机处理这些任务提供了动力。现在，计算机被用来处理符号形式的数学表达式，直接处理代数方程，而不是利用输入方程的数字进行计算。例如，由获诺贝尔奖的物理学家马丁纽斯·韦尔特曼（Martinus Veltman，1931—2021）开发的Schoonschip程序可解决高能物理所需的计算。

特殊的数字及其规律

长期以来，人们一直着迷于数字的神奇魅力，这些数字呈现一定的规律性，可以得出惊人的规则。对于早期的数学家来说，其中一些规则是显而易见的。这些数字通常被纳入神秘或宗教仪式、建筑物和手工艺品中。数字的奇特性质现在是数字理论家的研究领域。

素数

素数是一类特殊的整数：它们是除自身和1以外没有其他因数（不能被任何除1和自身以外的数整除）的数。20以下的素数是2、3、5、7、11、13、

欧几里得向埃及托勒密王朝的国君“救主”托勒密一世展示其作品。插图由路易斯·菲盖尔（Louis Figuier）于1866年绘制

埃拉托斯特尼

埃拉托斯特尼（Eratosthenes，公元前276—前194）出生于利比亚，但在亚历山大港（埃及）工作并去世。他是阿基米德的朋友，负责管理亚历山大港的图书馆。公元前250年左右，他发明了浑天仪，这是一个有交叉条纹的球形模型，用于演示和预测恒星的运动。直到18世纪，它一直被用作天文仪器。

埃拉托斯特尼还开发了一种用于测量经度和纬度的系统，绘制了一幅当时已知世界的地图，并首次记录了对地球周长的计算（请参见第88页的图表：测量地球）。

后来（约339—340）该撒利亚的优西比乌在书中写道，埃拉托斯特尼曾经计算过地球到太阳的距离，该计算精确到与现在公认的数字相差不到百分之一。

环形球仪中心的球代表地球，它周围的圆环代表其他天体的可观测的运行轨道

埃拉托斯特尼筛法

古希腊数学家埃拉托斯特尼发明了一种寻找素数的简单算法，称为埃拉托斯特尼筛法。

如何筛选素数：

1.首先绘制一个正方形网格，其中包含从1到某个素数上限的所有数字。把1划掉或用特殊颜色标注（1不是素数）。

2.第一个素数是2；将其写在列表的顶部。用相同颜色标注2的倍数。

1	2	3	4	5	6	7	8	9	10
11	12	13	14	15	16	17	18	19	20
21	22	23	24	25	26	27	28	29	30
31	32	33	34	35	36	37	38	39	40
41	42	43	44	45	46	47	48	49	50
51	52	53	54	55	56	57	58	59	60
61	62	63	64	65	66	67	68	69	70
71	72	73	74	75	76	77	78	79	80
81	82	83	84	85	86	87	88	89	90
91	92	93	94	95	96	97	98	99	100
101	102	103	104	105	106	107	108	109	110
111	112	113	114	115	116	117	118	119	120

素数
2

3.下一个数字是素数3，因此将其写在素数列表中。用相同颜色标注3的倍数。

4.下一个未用颜色标准的数字是素数5；将5写在素数列表中，并用相同颜色标注5的倍数。（注：4是2的倍数，在第二步中已用颜色标注。）

5.继续到正方形网格的尽头。列表中的数字是素数。

1	2	3	4	5	6	7	8	9	10
11	12	13	14	15	16	17	18	19	20
21	22	23	24	25	26	27	28	29	30
31	32	33	34	35	36	37	38	39	40
41	42	43	44	45	46	47	48	49	50
51	52	53	54	55	56	57	58	59	60
61	62	63	64	65	66	67	68	69	70
71	72	73	74	75	76	77	78	79	80
81	82	83	84	85	86	87	88	89	90
91	92	93	94	95	96	97	98	99	100
101	102	103	104	105	106	107	108	109	110
111	112	113	114	115	116	117	118	119	120

素数
2 3 5

1	2	3	4	5	6	7	8	9	10
11	12	13	14	15	16	17	18	19	20
21	22	23	24	25	26	27	28	29	30
31	32	33	34	35	36	37	38	39	40
41	42	43	44	45	46	47	48	49	50
51	52	53	54	55	56	57	58	59	60
61	62	63	64	65	66	67	68	69	70
71	72	73	74	75	76	77	78	79	80
81	82	83	84	85	86	87	88	89	90
91	92	93	94	95	96	97	98	99	100
101	102	103	104	105	106	107	108	109	110
111	112	113	114	115	116	117	118	119	120

素数

2	3	5	7
11	13	17	19
23	29	31	37
41	43	47	53
59	61	67	71
73	79	83	89
97	101	103	107
109	113		

17和19（通常不包括1）。随着数字变大，素数出现的频率变少，但仍然非常普遍。即使数字在1 000 000左右，也有1/14的概率是素数。人们研究了数千年的素数，最初将素数赋予了神秘的宗教意义。公元前300年，古希腊数

哥德巴赫猜想

1742年，普鲁士数学家克里斯蒂安·哥德巴赫（Christian Goldbach）给瑞士数学家和物理学家莱昂哈德·欧拉（Leonhard Euler）写了一封信，在信中他陈述了他的猜想：任何大于2的整数都可以写成三个素数之和。他认为1是素数，尽管这一点不再被当今的数学家接受。此后这个猜想得到了改进，现在被叙述为，每一个大于2的偶数都可以写成两个素数之和。

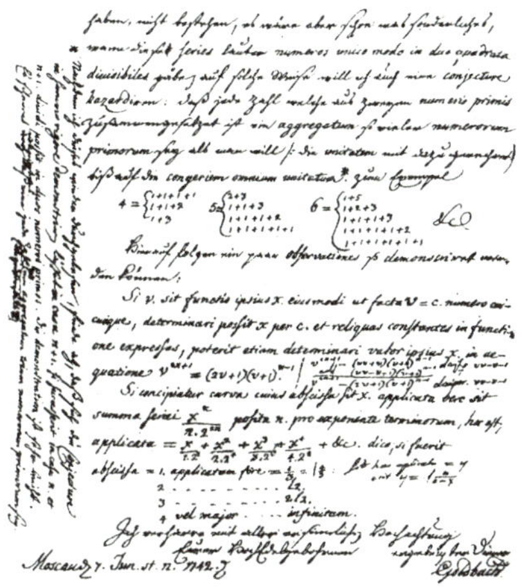

哥德巴赫写给欧拉的信中并没有很多闲聊，但数学家就是这样

哥德巴赫无法证明他的猜想（这就是为什么它是一个猜想而不是一个定理），此后也没有人能够证明它。到2007年4月为止，计算机已经验证了这个猜想对不大于10^{18}的所有数都成立，但是仍然需要理论证明。

学家欧几里得第一次证明了有无穷多个素数。尽管如此，在2000多年后，我们仍没有预测素数的公式。

素数听起来好像没有什么特别之处，甚至可以说是有缺陷的，因为它们没有真正的因数。但是围绕素数有许多有趣的现象，它们已成为数论的中心。

寻找素数

较小的素数很容易找到，我们甚至可以通过心算直接得出。但是寻找更大的素数变得越来越困难。

素数理论试图预测素数的频率。法国数学家阿德里昂–玛丽·勒让德（Adrien-Marie Legendre，1752—1833）在1798年推测，小于x的素数约为：

$$x/\ln(x)-1.08366$$

其中$\ln(x)$是x的自然对数。随着x的增大，所涉及的误差变得相对较小。

x作为素数的概率是：

$1/\ln(x)$

例如，因为1 000 000的自然对数是13.8，所以在1 000 000附近的数字有1/13.8的概率是素数。

孪生素数

孪生素数是彼此之间仅相差2的素数对。明显的例子有3和5、5和7、11和13、17和19。孪生素数猜想说的是存在无限多的孪生素数。这虽然看起来合理——因为这仅代表素数不会在某个时候耗尽，但这还没有被证明是真的。还有一个“弱”的孪生素数猜想，这一点已得到证明。它说明低于这个数字x的孪生素数的数目大约是由这个极其复杂的表达式给出的：

$$2\prod_{p\geq 3}\frac{p(p-2)}{(p-1)^2}\int_2^x\frac{dx}{(\log x)^2}=1.320323632\int_2^x\frac{dx}{(\log x)^2}$$

不用担心这个表达式——理解不了也没事。值得考虑的是为什么它会存在，是什么让我们能够找到这样的表达式呢？中间的数字即1.320323632，叫作素数常数。除了对孪生素数的预测外，它没有其他已知的意义。

完全数

完全数是指它所有的真因子（即除了自身以外的约数）的和（即因子函数）恰好等于它本身。这意味着，如果将所有可以除以该数字的数字加在一起，答案就是该数字本身。

例如：

6=1+2+3

28=1+2+4+7+14

欧几里得首先证明一个偶数是完全数的条件是，当且仅当它可以被写成

米哈伊列斯库定理

1844年，比利时数学家欧仁·查尔斯·卡塔兰（Eugène Charles Catalan，1814—1894）推测$2^3=8$和$3^2=9$是仅有的连续两个正整数是整数的幂（即2和3分别立方和平方后得到8和9）。罗马尼亚数学家普雷达·米哈伊列斯库（Preda Mihăilescu）终于在2002年证明了这一点。

如下形式：2^{n-1}（2^n-1），其中2^n-1是素数。

目前已知有46个完全数，最大的是$2^{43\,112\,609}\times(2^{43\,112\,609}-1)$，含25 956 377个数字。

亲和数

亲和数是成对出现的，即一对正整数中，每个数的全部约数（本身除外）之和与另一数相等。数字220和284是一对亲和数。220的约数（本身除外）是1、2、4、5、10、11、20、22、44、55和110，它们的和为284；284的约数（本身除外）是1、2、4、71和142，它们的和是220。从公元前500年开始，毕达哥拉斯（Pgthagoras）的追随者继续研究亲和数，认为它们具有许多神秘的性质。

塔比·伊本·库拉（Thabit ibn Qurrah，836—901）——古希腊数学著作的翻译者——发现了一个求亲和数的法则。阿拉伯数学家继续研究亲和数，卡马尔·丁·阿布·哈桑·穆罕默德·阿尔-法里西（Kamal al-Din Abu'l-Hasan Muhammad al-Farisi，约1260—1320）发现了一对亲和数——17 926和18 416，而穆罕默德·巴基尔·亚兹迪（Muhammad Baqir Yazdi）在17世纪发现了另一对——9 363 584和9 437 056。

多边形数

我们可以将一些数量的点、石头、种子或其他物体排列成规则的多边形。例如，可以将六个点排列成一个正三角形。

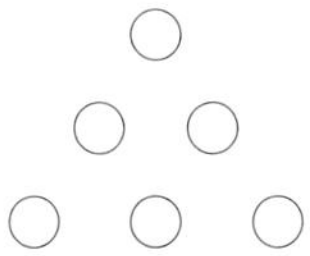

因此，6是三角形数。如果在底部增加一排点，我们可以得到下一个三角

6这个数本身就是完美的，并不因为上帝造物用了六天，只因为这个数是完美数，所以上帝在六天之内把一切事物都造好了。

——圣奥古斯丁（St Augustine，354—430），

《上帝之城》（*The City of God*）

形数10：

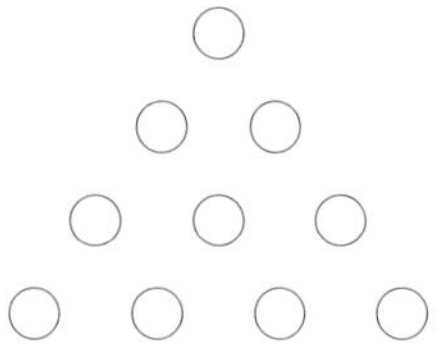

九个点可以排列成一个正方形：

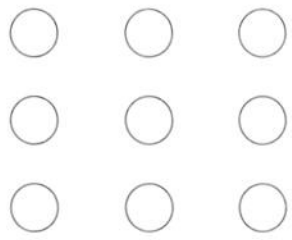

下一个正方形数每边有四个，即$4^2=16$。

一些数字（例如36）既可以排列成三角形又可以排列成正方形：

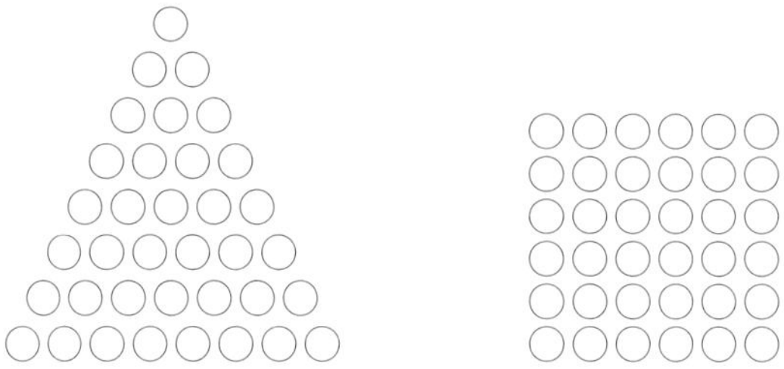

通过将每边增加一个额外的单位来增加多边形数。

三角形数

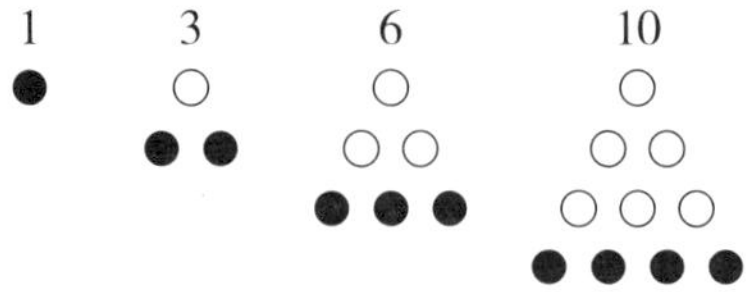

正方形数

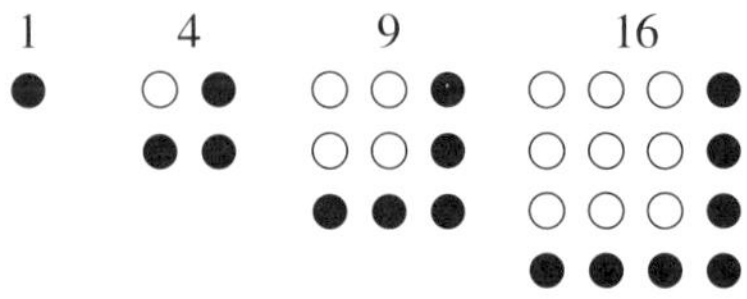

自毕达哥拉斯时代以来，人们就开始研究多边形数，并经常将其作为护身符排列的基础。注意前面的三角形数或正方形数是如何递增以形成下表中的数列。

三角形数	正方形数
1	1
3 （ = 1+2 ）	4 （ = 1+3 ）
6 （ = 3+3 ）	9 （ = 4+5 ）
10 （ = 6+4 ）	16 （ = 9+7 ）
15 （ = 10+5 ）	25 （ = 16+9 ）
21 （ = 15+6 ）	36 （ = 25+11 ）
28 （ = 21+7 ）	49 （ = 36+13 ）

幻方

幻方是将数字排列在一个正方形网格中，使每条水平、垂直和对角线的数字加起来具有相同的总数，这个总数被称为幻方常数。最小的幻方（除了下图所在的方框外）的每边有三个方块，幻方常数为15：

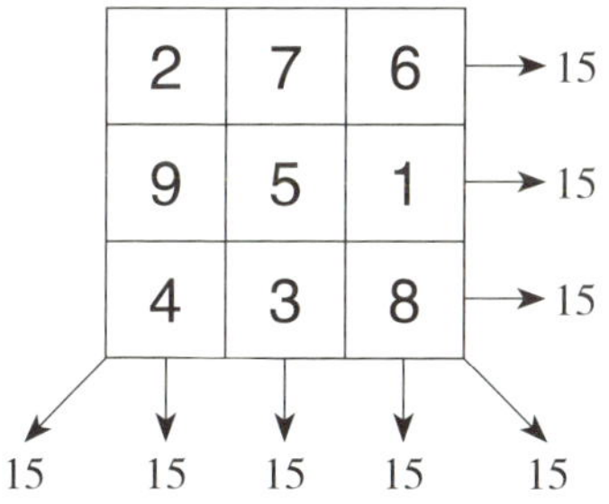

这就是公元前650年在中国古籍中记载的著名的洛书（九宫图）。

这来源于一个传说：村民们在试图治理洛水时，遇到一只乌龟在河里上下翻腾，游来游去。它的背甲上载有9种花点的图案。这种图案被当地人当作护身符。

安东尼·高迪（Antoni Galldi）在巴塞罗那的圣家族大教堂内建立了一个幻方广场。幻方常数是33，即传说中基督去世时的年龄

幻方大约有4000年的历史。它们出现于古埃及和古印度，被世界各地的文化赋予了特殊的力量。已知的第一个5阶和6阶的幻方出现在阿拉伯文献《精诚兄弟会典》（*Rasa'il Ihkwan al-Safa*）中，该书作于公元983年左右的巴格达。第一个写文章讨论幻方的欧洲人是公元1300年的拜占庭学者曼纽尔·莫斯乔普洛斯（Manuel Moschopoulos）。

在1494年记录了复式簿记系统的意大利数学家卢卡·帕乔利，收集并研究了幻方。（他还编写了一本关于数字谜题和魔法的专著，一直被放在博洛尼亚大学的档案中未被发现，直到2008年出版。）

π

除了形成系列或模式的数字外，还有一些奇怪而重要的数字。第一个被发现的是pi，即π。它定义了一个圆的直径和它的周长的比值，所以周长是

$$\pi d$$

其中d是直径。π的值是一个小数，小数点后有无限位数。它以3.14159开头（对于大多数的情况来说，这是一个足够好的近似值）。

圆的直径与周长之比总是相同的，这是人们早就知道的，以至于无法追溯它的起源。在一张公元前1650年的古埃及阿姆士（Ahmose）纸草书上，人们使用了一个值来表示π：$4\times(8/9)^2=3.16$。在《圣经》中，公元前950年，有关所罗门圣殿的建造和装备的尺寸的问题里，使用π的值为3。

第一个理论计算结果应是由锡拉库扎的阿基米德（Archimedes，公元前287—前212）完成的。他得到了近似值

$$\frac{223}{71}<\pi<\frac{22}{7}$$

他知道他没有得到一个准确的值，但他的两个界限的平均值是3.1418，误差约为0.0002。

后来的数学家通过发现更多的小数位数改进了这个近似值。

e

另一个奇怪而又非常重要的数字是e。e的值最早是由雅各布·伯努利（Jakob Bernoulli）发现的，他试图发现这个表达式的值

$$\lim_{n\to\infty}\left(1+\frac{1}{n}\right)^n$$

同时用它计算复利。当求值时，表达式给出定义e的级数。

e这个常数的首次使用是在1690年和1691年戈特弗里德·莱布尼茨（Gottfried Leibniz）写给克里斯蒂安·惠更斯（Christiuan Huygens）的信中，他用b来表示e。1727年，莱昂哈德·欧拉（Leonhard Euler）第一个用字母e来表示它，1736年，e第一次在公开发表的文章中被使用。欧拉选择e可能是因为e是“指数”（exponential）的第一个字母。

e在小数点后的数字是无限位的，因为它被定义为一个无穷级数中所有数字的和。

虚数

虚数i的定义是-1的平方根。

“虚数”一词曾被法国哲学家、数学家勒内·笛卡尔（1596—1650）用作贬义词，但现在指的是包含-1的平方根的数字。

$i^2=-1$

（一个负数不能“真正”有一个平方根，因为当一个非零数平方时，无论一开始是正的还是负的，结果总是正的。）

复数z定义为

$$z=x+iy$$

其中x和y是实数。

吉罗拉莫·卡尔达诺（Gerolamo Cardano）第一次遇到虚数和复数是在16世纪，当时他正在研究尼科洛·塔塔利亚的三次方程的解法，但是他并不认为它们有用或有效。1572年拉斐尔·邦贝利（Rafael Bombelli）首先对它们进行了描述和论证。

然而，即使是负数在当时也不被认可存在，所以人们几乎没有思考虚数。直到18世纪，人们才开始更认真地对待它们。卡尔·弗里德里希·高斯（Carl Friedrich Gauss）在1832年完全地引起了数学家们对复数的注意。奇怪的是，这些特殊的数字聚集在一起，形成了整个数学中最令人吃惊的一个表达式：$e^{\pi i}+1=0$。

这就是所谓的欧拉恒等式，它是复数和三角函数之间的特殊关系。

古希腊数学家毕达哥拉斯通过在地面上画图来论证他关于直角三角形的定理

难以形容的数字

禁止一个数的概念可能看起来很古怪，但它已经持续了几千年，甚至今天还存在。有些数字被认为太繁杂或太危险而不受欢迎，被统治者或数学家认为不可使用。但是一个被禁止的数并没有消失，它只是被放在了非公开场合秘密讨论。

毕达哥拉斯的数字大清洗

古希腊数学家毕达哥拉斯不承认无理数，他的学派里也禁止对负数进行思考。（无理数是不能用整数之比表示的数。所以0.75是一个有理数，因为0.75可以由3/4表示。但π是无理数。）毕达哥拉斯不得不承认他对使用无理数的禁令造成了问题。由直角三角形中两条边的长度求出另一条边的长度，如果只认可有理数，他的定理很快就会遇到问题。下面这个直角三角形的斜边（最长的边）的长度是2的平方根，这是一个无理数（≈1.414）。

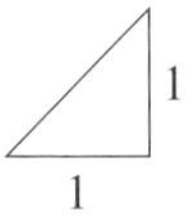

毕达哥拉斯无法用逻辑证明无理数是不存在的，但是梅塔蓬图姆的喜帕恰斯（Hippasus，出生于约公元前500年）证明2的平方根是无理数并为它的存在性辩护时，传说毕达哥拉斯的门徒淹死了他。根据传说，希帕索斯在船上演示了他的发现，结果证明这么做并不明智，因为他最后被毕达哥拉斯的

> 无理数是真数还是假数是有争议的。因为在研究几何图形时，有理数背弃了我们，无理数取而代之，并精确地展示了有理数无法展示的东西……有感于此，我们不得不承认无理数是确切的数……
>
> ——德国数学家迈克尔·斯蒂菲尔（Michael Stifell，1487—1567）

门徒们扔下了船。

毕达哥拉斯的禁令是基于他对无理数存在的美学和哲学上的反对。后来，审查人员出于政治、经济和社会方面的原因，试图取缔某些数字或数字类别。

阿拉伯数字与罗马数字之争

在中世纪的欧洲，阿拉伯数字的引入受到了强烈的抵制。新的数字系统易于进行算术运算，这使它很有吸引力。因为印度-阿拉伯数字体系有可能普及大众数学的能力，那些希望限制大众数学能力并将其保留为精英专用工具的人对其进行了妖魔化。如果数学向所有人开放，那它就不再成为

零的秘密

在欧洲禁止使用印度-阿拉伯数字时，“零”的名称有cifra、chifre、tziphra等。这些名字代表了包括零在内的整个数字系统。随着系统的秘密使用，这个名字也变成了一个代码或秘密，并发展成了“密码”（cipher）一词。

在格雷高利·莱施（Gregorius Reisch）1503年所著的《玛格利特哲学书》（*Margarita Philosophica*）中，算数夫人拒绝使用印度–阿拉伯数字的算盘

一种权力的来源。天主教会希望通过控制对数字的使用来保持对教育的控制，此外，它还以宗教理由反对这种来自伊斯兰文化的数字表达法。使用算盘以神秘数学系统为业的数学家受到教会的保护。阿拉伯数字的普及遭到了强烈的反对，据说，一些可怜的人甚至因为使用阿拉伯数字而被当作异教徒烧死在火刑柱上。然而，商人和会计师希望使用新的系统，因为这会使他们的计算工作变得容易。使用阿拉伯数字算法或计算方法的算法学家与使用算盘和罗马数字的算盘学家之间的斗争持续了几个世纪。印刷术在欧洲的出现最终促成了阿拉伯数字体系的统治地位。算术方法的传播变得容易了，数字的流动不可能再被控制。

最终，这种体制自然在压力下屈服了，我们现在使用的数字系统取得了胜利。但是罗马数字和算盘在某些生活领域仍然使用了很多年。

法国人是第一个把自己从算盘的“专政”中解放出来的。法国大革命之后，情况出现了彻底的逆转，算盘被禁止在学校和政府机关使用。

666——魔鬼的数字

许多宗教在很大程度上依赖数字的象征意义，并使用特殊的数字方法来发现或隐藏秘密。在基督教早期，罗马人把太阳幻方当作护身符。在这个6×6的幻方中，数字1到36的排列方式使得行、列和对角线的总和为111。从1到36的所有数字的和是666。教会禁止拥有幻方，因为在基督教中，666是魔鬼的数字（魔鬼被认为是《启示录》中上帝的敌人）。拥有幻方的人将被判处死刑。

666象征着基督徒的世界末日，但在中国文化中，它被认为是幸运的

不能有负数

文艺复兴时期的欧洲，负数是不被认可的。包含负数的数学问题的解答常常被忽视。尽管古代的中国和印度数学家已经解释了负数的用法，通常是将其与经济债务联系起来，但后来的欧洲数学家却对此感到困惑。例如，迈克尔·斯蒂菲尔称小于零的数字为“荒谬的数字”。数学家阿尔伯特·吉拉德（Albert Girard，1595—1632）可能是第一个完全接受负数作为解的著名学者，但直到19世纪初，负数才真正成为算术的基础。

危险的数字

在美国，有一个十六进制（32位）数字的“非法数字”。它是加密高清晰DVD的密钥，而且它的发布在技术上是非法的（通过使用带有适当机制的密钥可以对DVD进行解密）。AACS（高级访问内容系统）声称它是一个版权规避手段——拥有一个版权规避手段违反了《千禧年数字版权法》（美国，1998）。然而，这个“秘密”数字被曝光后不久，就被发布在30万个网站上，试图将其从公共领域移除显然是徒劳的。

AACS还声称拥有许多其他用于加密的数字，但不愿透露它们是什么（因为它们的有用性取决于它们是否保密）。这些数字唯一的“特殊”性是它们根本不特殊，而是作为随机数产生的。可以理解的是，阻止其他人知道一个数字或防止任何使用者都可以“拥有”它的想法，存在着相当大的阻力。计算机爱好者们争先恐后地宣称他们的号码是自己的，他们可以告诉其他人不要使用这些号码来报复和嘲弄AACS。我们现在可以停下来了。这本书里不能再用数字了，因为它们都是别人的！

数字统治和定义着世界的经济，从而对我们的一切活动产生影响

继续前进

研究数字及其性质是非常有趣的，这对古希腊人来说已经足够了（他们鄙视数学的应用），但对大多数人来说，数学的价值主要在于它的实用性。数字使我们能够测量、计算、制造东西、运行经济并探索我们周围的宇宙。事实上，它们是所有科学和许多艺术的关键，在每一种文明中都发挥了关键作用。

第3章
几何形体

不是所有的东西都可以计数。一群牛的数量是具体可数的；即使是一块草地上的叶片数量，理论上也是可数的。但有些东西只能被测量——我们不能数出一片池塘里有多少水或准确计算出山与海之间的距离，但能够量化它们是很有用的。

几何——处理现实世界中的距离、面积和体积——是数学最早的应用之一。这个词由希腊语中的geo（大地）和metron（度量）演变而来。

最初的一些计算很可能与建造纪念碑、划分土地或以宗教为目的制造器物或圣器有关。第一个必要步骤是开发度量单位，其本身就是从计数开始的重大飞跃。测量就是进行人为划区，将连续的事物划分为名义单位。

淘金热挖出来的是用来称重的黄金，而不是用来计数的硬币

在英国啤酒花农场的理货员：采摘员根据蒲式耳（一种体积的测量单位）收款，同时领到半根理货棒

一切皆可测量

当人们开始圈画自己的土地，交易除最基本的物品以外的任何东西，或是修建除最简单的建筑以外的任何东西的时候，测量就开始变得至关重要。早期文明需要能够测量距离、面积、体积和时间。有些可以数出来的东西，例如谷粒，也容易用体积来测定。但是测量单位的由来并非水到渠成，现在仍在英国和美国使用的这套复杂的计数单位是源自巴比伦、古埃及和古罗马帝国的早期体系，并且后来受斯堪的纳维亚体系、凯尔特体系、日耳曼体系和阿拉伯体系影响形成的遗产。

利用身体丈量

从中国古代到拉丁美洲的大多测量系统，都是依据人体或一些常用物品（例如麦粒）作为基础的。美国人和英国人依旧使用英尺来测量短距离，而一颗麦粒仍被用作重量单位（它已经持续被使用了超过1000年）。用来计量黄金和宝石质量的单位克拉源于角豆树种子，一开始阿拉伯宝石商人将它们作为测量珍贵宝石重量的材料。角豆树的种子因为有着极其好区分重量单位的特点，而成为计量珍贵矿物的理想单位。

超越时代的度量系统

印度河谷的居民是较早建立起一个统一的重量与测量系统的人类文明，并且这个系统可以非常精确地测量距离、质量和时间。它们最小的量度为1.7毫米，是已知的青铜时代文明中最精细的量度。

腕尺，出自诺亚为诺亚方舟的测量过程，在古埃及表示自肘至中指端的距离。它再被细分为更小的与人体相关的计量单位，如下：

1腕尺=28指宽

4指宽=1掌宽

5指宽=1手宽

12指宽=1小指距

14指宽=1大指距

但是人体的尺寸和形状各不相同，所以以上单位的长度并不统一。为了解决这些明显的困难和潜在的争议，标准度量就出现了。古埃及人用黑花岗岩制造了腕尺的标准尺，其长度为524毫米（20.62英寸），并将其复制后以此单位作为标准。如吉萨金字塔的规格为440腕尺长、440腕尺宽，精确度极高，误差不超过0.05%，测量230.5米的误差范围可以缩小到115毫米以内。

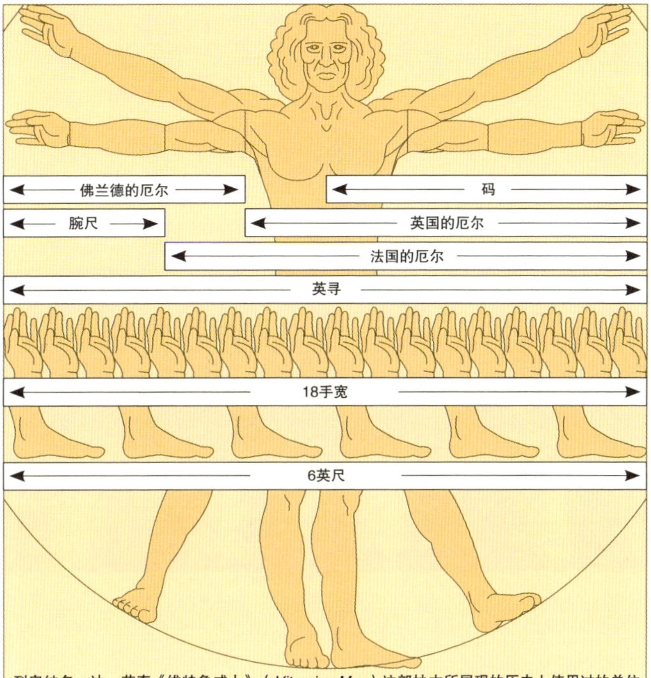

列奥纳多·达·芬奇《维特鲁威人》（*Vitruvian Man*）这部抄本所展现的历史上使用过的单位

罗马尺

1英尺为12英寸的换算源于古罗马人，虽然当时在罗马，1罗马尺约为现在英寸的11.65倍或者约为296毫米（罗马尺的定义有所不同，似乎是有意为之，但从未得到充分解释）。其中也有掌宽这个单位，其长度是1/4罗马尺。更长的距离用浪、里格和里来表示。1浪为1/8罗马尺，1里是5000罗马尺，1里格是7500罗马尺。这些单位，与以磅、盎司等重量单位为基础的罗马度量方法在欧洲盛行，几百年之后，为世界所用。

长英尺和短英尺

在罗马沦陷后的几个世纪里，测量单位在欧洲发展壮大，但是没有被

定义陶罐的音高

中国的度量衡是独立于西方和中东的度量衡发展起来的。该系统在将声学纳入其标准方面独树一帜。测量葡萄酒容积或谷物体积的标准容器是由它的形状、所能承受的重量和敲击时发出的声音的音高来定义的。两个形状、材质和重量相同的容器只有在体积相等的情况下才能发出相同的声音。古汉语中的“锺”（酒器名或谷物量词）和“鐘”（乐器名）可通用。

统一。1英尺的长度或1磅的重量因地而异。有时需根据测量的东西仔细斟酌。所以1加仑的酒是231立方英寸，但1加仑的啤酒是282立方英寸。（第一个被称为安妮女王加仑，仍然是标准的美式加仑；而英式加仑则在1824年被重新定义。）

标准化进展非常缓慢，不同国家通过单独的立法法案取得进展。在美国，使用的仍是原本英国重新定义单位后已经被弃用的单位，由此产生了今天的美制单位和英制单位。

重量和金钱

作为重量单位的磅和作为货币单位的镑，在英国使用了几个世纪绝非

重量和度量的统一，永久性的、普遍的统一，适应事物的本质，适应人体组织结构与人性道德的进步，将是一种至高无上的幸事，即如果地球上存在着一种力量和意志的组合，足以用单一行为的能量来达到结果，那么来行使它的人将是人类最大的恩人。

——约翰·昆西·亚当斯（John Quincy Adams），时任美国国务卿，1821

巧合。硬币由贵金属制成，由于重量与价值等价，所以硬币的重量很重要。

罗马人引进了镑，从此英镑被十进制化并且可能有一天会让位于欧元

希伯来的谢克尔也许是最早用来衡量金钱和重量的度量。古罗马人引进了镑，随后在欧洲使用了2000年。1266年，亨利三世将1便士与32粒小麦、20便士与1盎司、1镑与12（旧）盎司在价值上进行了对等。8磅是1加仑葡萄酒的重量。继而，在货币制度中，12便士对等1先令、20先令对等1镑、每镑240便士的英镑货币体系由此建立。虽然如今先令已消失不见，货币体系已经修改，但是罗马镑和便士仍然存在于英国的货币体系中（尽管欧元可能很快就会取代它们）。

全世界适用的单位

现在全世界科学界使用的SI制（国际单位制）由七个标准公制单位（千克、米、开尔文、安培、坎德拉、摩尔和秒）组成。

第一个公制系统源于18世纪的法国。1670年教区牧师兼数学家加布里埃尔·穆顿（Gabriel Mouton）指出，我们需要一个更简单、统一和标准的体系，但之后的120年这个任务却无人问津。

1790年，夏尔·莫里斯·德·塔列朗（Charles-Maurice de Tallyrand）开始了这项工作，法国科学院建议他的这个小组

路易十六允许长途探险——但他在5个月后被推上断头台

星级品质还是“疯狂如獾”？

量化的尺度可以用于定性比较。常用于对酒店进行等级划分的星级评分是一个熟悉的、具有普遍性的定性尺度的例子。在英格兰南部的某些地区，有一些用于评估怪异程度的“獾评级”本土化系统。许多网站邀请用户以打分的方式评价偏好和体验。还有一门专门研究此类评级系统有效性的科学。

功败垂成

英国皇家学会创始人约翰·威尔金斯（John Wilkins）主教于1668年在法国提出了一个度量体系，它与最终推行的度量体系相同。在一本关于国际语言可能性的巨著中，他提出了一个基于十进制的、几乎与现代度量体系完全相同的综合度量体系。它的计量单位是997毫米——几乎是一米；体积单位等价于升。但威尔金斯提出的度量体系从未得到推广，且在很大程度上被忽视了，直到2007年才被澳大利亚研究人员帕特·诺丁（Pat Naughtin）重新发现。

度量衡发展的时间线

- 公元前3000年，古埃及人为基本长度的测量制订出了一个皇家标准——腕尺
- 公元前220年，中国第一个皇帝——秦始皇（公元前221—前210/前209年在位）将所有的重量和度量标准化，甚至规定了马车所使用的精确轴长
- 公元800年神圣罗马帝国君主查理曼（768—814）试图校准重量与度量
- 960年，第一个全英国王埃德加（957—975）颁布法令，规定度量衡必须符合伦敦的标准
- 1215年，经商定，关于重量与度量的英国国家标准载入了约翰国王（1199—1216）授予的《大宪章》中
- 1266年，亨利三世将金钱与重量的关系融入英币的流通中，1便士与32粒小麦的重量对等，240便士等于1英镑
- 1352年，英国国王爱德华三世规定，一块英石等于14磅，这一等价关系至今仍然存在
- 1496年，英国颁布了新的重量与度量标准
- 1588年，英国女王伊丽莎白一世（1558—1603）发布新标准

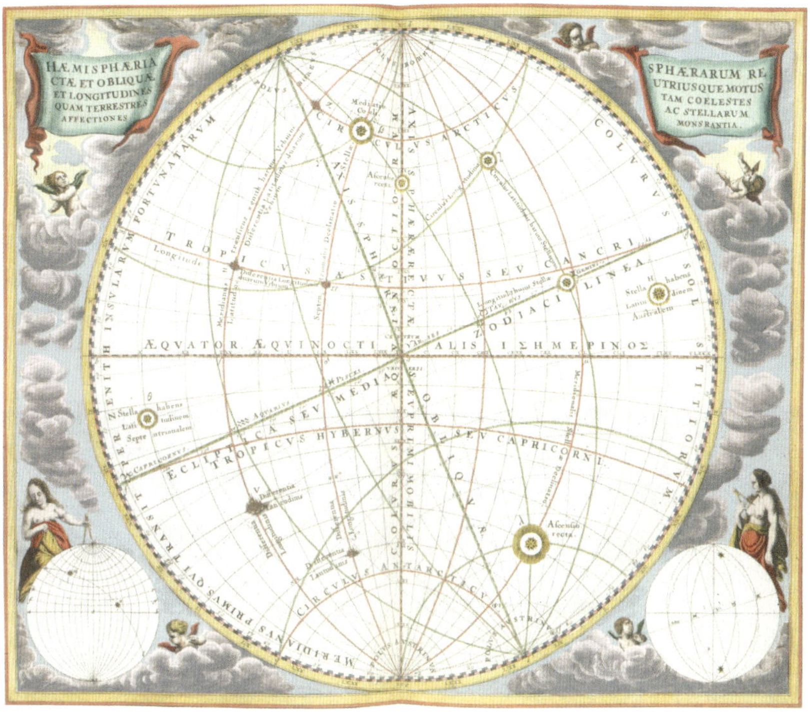

《和谐大宇宙图集》（*Harmonia Macrocosmica Atlas*）中一幅由策拉留斯绘制的星图（1660年）

1668年，约翰·威尔金斯在英国提出了一个通用的度量衡系统

1670年，加布里埃尔·穆顿在法国提出了一套度量衡体系

1707年，1加仑葡萄酒的体积被规定为231立方英寸。该度量标准自爱德华一世（1272—1307）时期就开始使用，但1707年的法案正式确立此标准

1790年，乔治·华盛顿向国会发表的第一条讯息是，需要"在货币、重量和度量上保持统一"；国会保留了英国原有的重量与量度系统

1799年，度量系统的标准在法国巴黎定义

1824年，英国重新定义重量与度量，首次考虑到在制定标准时数量、称量的条件

1866年，《公制法》允许公制系统在美国使用

1878年，在英国，长度单位“码”被重新定义

1960年，新的国际单位系统（国际单位制或SI）于法国巴黎的第十一届全国度量大会颁布

愚蠢的数字?

以一英里1760码、一磅16盎司或一英亩160方棒计算，已经成为许多学生学习生活的痛苦之源。公制系统看起来较为简单——基于10的倍数并且不同量的度量之间有明确的关系。但是，国际单位制中有一些更奇怪的定义数字的方式。一米现在是光在真空中传播1/299 792 458秒的距离。一秒是一个同位素铯-133原子的特定能级变化引起的9 192 631 770个辐射周期的持续时间。

1793年，一米被定义为从极点到赤道距离的1/10 000 000；现在则由光速来定义

确定北极到赤道（穿过巴黎）的距离。第一步是通过子午线测量法国北部的敦刻尔克至西班牙的巴塞罗那的距离。在国王路易十六批准之后，他被法国革命统治者监禁，结果又过了一年才继续探索。自那时起，这项工作就面临着重重困难。法国和西班牙的战争导致花了六年时间才完成这个项目。直到1799年公制系统认定了两个新的度量单位，才使其具有普遍性和持久性。

米被定义为地球子午线的一千万分之一的长度；克代表4℃（水密度最大时的温度）下1立方厘米纯水的质量；用一个白金圆柱体的重量来定义千克（1000克）。

千克标准现在由铂铱合金制成，现保存在巴黎附近的塞夫勒；千克是唯一仍然由物理对象定义的基本单位。人们仍在尝试找到更好的定义千克的方法。

巨石阵

巨石阵是一个排布有巨大同心圆圈石头和洞的组合，或许是为了在英国威尔特郡的索尔兹伯里附近存放柱子或其他石头。这座遗迹在公元前3000年至公元前2000年之间的大约1000年期间，分三个阶段建造而成。它由巨大的石头组成，楣梁耸立在部分石头上。这种排列显示了在空间中融入圆的能力，弯曲的门楣石展示了对一个圆上的弧的理解——当所有的石头有序排列时，门楣石就会形成一个真正的圆，而非一系列仅直立的岩石。建筑者唯一可用的工具是用鹿角和石锤制成的，然而它们能够测量并计算一个圆的各部分以及间距。东北轴线与夏至时日出的位置一致，暗示某种形式的历法已经在发展。

巨石阵几乎和金字塔一样古老，只是规模较小。它也是建立在对几何学和太阳运动的精密理解之上的

早期几何学

几何学处理距离和角度的问题，其中包括直线、面积和体积。在其最简单和最早的形式中，处理的是平面中的直线和线性形状，但如今已扩展到处理三维空间中的曲线问题和更高维空间的曲面问题，以帮助我们解释宇宙的结构。与此同时，它在建筑、天文学、光学、透视、制图、弹道学等更多领域中帮助了我们。

一些具有对称图案的早期装饰物

一年一度的尼罗河泛滥，抹去了边界的痕迹，这是促进古埃及数学发展的因素之一

图案和对称：几何的本质

人类与几何学的接触早于书面数字系统。许多早期的人类留下了他们对重复的图案、对称性感兴趣的证据，以几何图案的形状装饰他们的物品、建筑物和住所。其中一些日期可以追溯到公元前25000年。以相当高的精度建造的早期建筑物进一步证明了我们的祖先对一些简单的几何形状的掌握。

希罗多德被尊称为“历史之父”

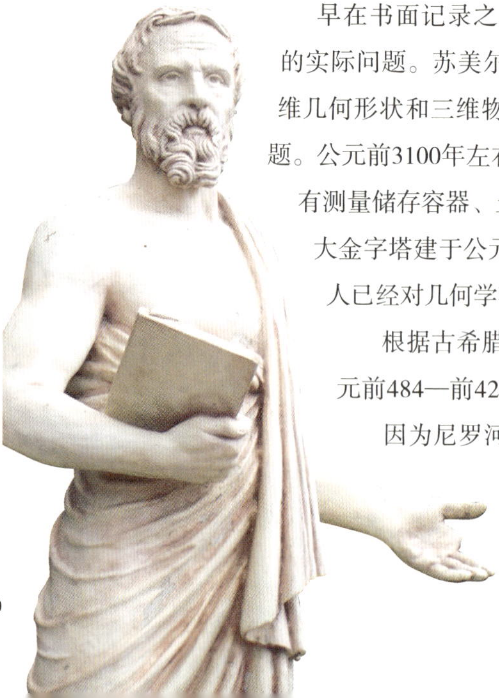

土地问题

早在书面记录之前，在建筑工程中必须解决几何方面的实际问题。苏美尔人、巴比伦人和古埃及人擅长处理二维几何形状和三维物体，以及计算距离、面积和体积的问题。公元前3100年左右的文献显示古埃及人和巴比伦人已经有测量储存容器、土地和规划建筑的一些数学规则。吉萨大金字塔建于公元前2650年左右，它证明在当时古埃及人已经对几何学有了很好的掌握。

根据古希腊历史学家希罗多德（Herodotus，约公元前484—前425）的说法，古埃及人需要计算面积，因为尼罗河季节性的洪水冲走了庄园边界。他们需要基准和测量技术来恢复它们。古埃及几何学家有时被称为“操绳师”，他们用绳子划出距离和形状以进行测量和标记。毫无疑问，同样的技术也有助于标记建筑项目的平面图和开垦被洪水淹没的土地。

用笔记录

已知最早的数学文献是来自古埃及的阿默士纸草书（有时称为莱茵德纸草书）。它是于公元前1650年由抄写员阿默士从大约200年以前的旧文本中复制而来的，它本身可能就已经包含了很多更古老的材料。这是一本莎草纸卷轴，33厘米高，超过5米长（1英尺 × 18英尺）。它呈现了84个数学问题，涵盖算术、代数、几何以及度量衡。一些问题被给予了严格实际的演示。例如，一个人问：“圆直径为9开赫特，它的面积是多少？”来自同一时期的莫斯科莎草纸卷轴涵盖了求解金字塔某一部分体积的方法。

因为古埃及人把信息写在莎草纸上，而莎草纸是脆弱的，因此很少有数学著作幸存下来。底格里斯河和幼发拉底河流域的美索不达米亚人，在他们烤的泥板上记录信息。这些著作保存时间更长，超过10万件幸存。公元前1800—前1650年的巴比伦泥碑提供了计算直角三角形斜边的方法，并且还包括矩形、三角形和圆的面积计算方法。例如，如果梯子靠在墙上，滑下来后，求解梯子脚移动的距离。其结果包括平方根的近似值，可

神秘的几何图案

绘制在秘鲁纳斯卡沙漠中的巨型几何图案，当从空中俯瞰时可被归结为图形符号。它们是由公元前200年至公元600年之间的纳斯卡文明创造的。它包含70个独立的图案，从简单的线条和几何形状到风格各异的动物和植物，其复杂性不等。它们的意义是未知的，但它们是我们所知甚少的一个人类文明具有相当高的几何技能的证据。

纳斯卡沙漠非常干燥的气候有助于保存这片土地上大约2000年前绘制的巨大几何图案

一块展示几何问题的巴比伦泥板，距今约有4000年的历史

以精确到小数点后五位。尽管很难说数字的形成推动了制度更好的发展，但由巴比伦人完成的按位计数系统比古埃及系统更加适用于各种类型的计算。

不同于古埃及人，巴比伦人似乎有一个一般原理的概念，也就是说，一些数学上的论述在任何给定的情况下都是正确的。例如，一个泥板展示了正方形的两边与对角线之比，巴比伦的数学家推导出了其比为 $1:\sqrt{2}$，这意味着任何正方形的对角线长度为其边长乘以$\sqrt{2}$。

然而，古埃及人和巴比伦人忽视了准确度。在某些情况下，他们的计算可以给出精确的答案；而在其他情况下，他们使用近似法求面积，但决不承认求得的结果不够精确。

例如此图的面积：

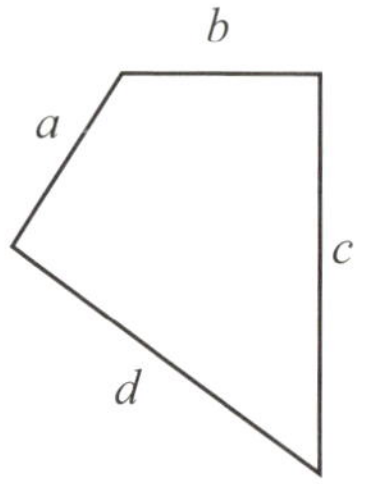

$$\frac{a+c}{2}\times\frac{b+d}{2}$$

他们将近似法计算作为一个公式，只能给出一个近似的结果。

数学的诞生

尽管古埃及人和巴比伦人的数学常与特定具体的事物有关，古希腊人却对纯粹抽象的问题更感兴趣。古希腊人的祖先于公元前2000年从北方进入希腊半岛，到公元前800年左右在当地强盛起来。然后他们冒险进入埃及和美索不达米亚向当地人学习。

公元前6世纪以前希腊数学没有发展，之后，泰勒斯（Thales）和毕达哥拉斯（Pythagoras）出现。米利都的泰勒斯于公元前575年左右引入了巴比伦人的数学。因为他提出并证明了一个定理，所以他被称为“第一位数

诗文中的数学

最早提出数学问题的印度文献是《绳法经》和梵文文献，它们提出了与祭坛的建造和定位有关的问题与解决方案。有许多不同主题的经文——格言集。格言以诗文写成，并附有散文点评和论述。这些经文最初是以口头方式传递的，用来帮助记忆。《绳法经》是最古老的印度文献之一，最早可追溯到公元前800年左右。

学家”。我们并不知道泰勒斯是否配得上这个称号。他的定理（泰勒斯定理）指出，任何内接在半圆上的角都是90°。这是众所周知的，大约1000年前的巴比伦人就已经知道了这个定理，而泰勒斯本可以在美索不达米亚学到。他对这个定理的证明，即使存在，也没有保存下来。

在泰勒斯死后的900年，普洛克鲁斯（Proclus，约410—485）得出了几

米利都的泰勒斯

泰勒斯（约公元前624—前546）是古希腊的七贤之一。很有可能他在年青时就在埃及学习过，并且也一定接触到了埃及的数学和天文学。就算他写了一些著作，它们也没有被保存下来。

亚里士多德记述的一个故事讲述了泰勒斯是如何通过天气预测农业收成，并买下了米利都所有的橄榄榨油机来证明数学是如何使他致富的。第欧根尼·拉尔修记载说，泰勒斯能够通过测量金字塔的阴影来计算其高度，据说他曾用几何学知识来确定一艘船离岸的距离。他也把自己的数学能力用于军事领域。据说他预测了日蚀，从而使得一场战争得以和平解决。后来又帮助了国王克罗伊苏斯让他的军队渡过一条河，告诉他在上游挖一条引水渠来减少河水的流量，直到有可能涉水而过。

泰勒斯也认为地球在宇宙中恰似一个巨大的圆盘漂浮在水中。讽刺的是，据记载，泰勒斯在观看体操比赛时死于脱水。

《九章算术》

中国数学文献《九章算术》诞生于公元前1世纪。在随后的几个世纪里产生出许多评注，其中最佳者是公元263年刘徽所注版。文献给出了毕达哥拉斯定理（独立推导），并展示了如何计算距离，如从山上看到的塔的高度、河口的宽度、宝塔的高度和峡谷的深度。它还涉及计算图形的面积和体积，如梯形、圆、圆弧、圆柱体、棱锥以及球体。

个基本几何定理：

- 圆被任何直径平分
- 等腰三角形的底角相等

毕达哥拉斯

毕达哥拉斯（约公元前580—前500）是爱奥尼亚（古希腊）的数学家、哲学家。在到中东旅行后，他于公元前532年左右搬到意大利南部，以逃避他的家乡萨摩斯的专制统治。他最出名的是以自身名字命名的定理。

与他同时代的先知们有老子、孔子，他在克罗顿学院创建了毕达哥拉斯学派。这是一场宗教与哲学运动，影响了亚里士多德和柏拉图并对西方哲学的发展做出了重要贡献。毕达哥拉斯和他的追随者认为，一切事物都与数学有关，都可以在定律节奏或周期中被预测和衡量。毕达哥拉斯派学者是素食者，因为他们相信灵魂的迁移，任何动物都可以容纳一个前人类的灵魂。他们还相当莫名其妙地认为豆类是特殊的，因此不会吃豆类。据说毕达哥拉斯拒绝在逃避追捕时跑过豆田，最终被愤怒的暴徒屠杀。

神圣的十

对于古希腊人来说，数字10是最完美的数字。他们称它为tetractys，因为它是一个三角数字而尊崇它，它是数字1到4的总和。用菲洛劳斯（死于约公元前390年）的话说，它是“伟大的、全能的和能产生万物的，地球生命的开端与神圣的指引”。

· 两条相交线形成的对顶角相等

· 如果两个三角形两个角和一边是相等的，则两个三角形全等

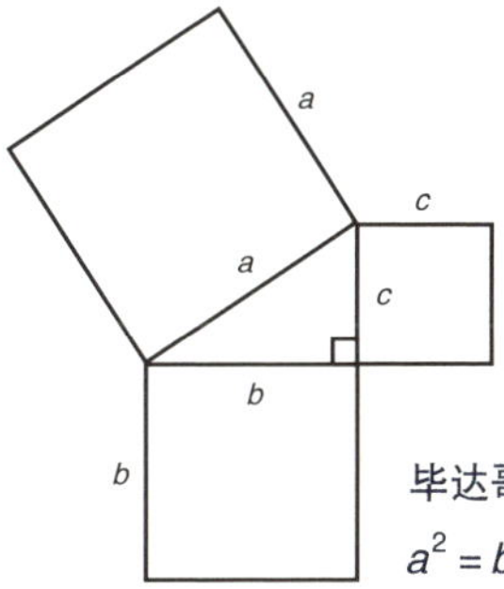

毕达哥拉斯定理
$a^2 = b^2 + c^2$

尽管泰勒斯也许能被称为第一位数学家，但“数学之父”的称号当属毕达哥拉斯。他晚出生50年，但他也许是已知最著名的古希腊数学家。如果不学习毕达哥拉斯的著名定理，即直角三角形中，斜边的平方等于另两边的平方之和，也许就没人可以通过学校的数学考试。

不过，这个定理很可能实际上是由后来毕达哥拉斯学派的人发现的，而不是毕达哥拉斯本人。和泰勒斯一样，他写的东西都没有保存下来。他的功绩来自于他的作品和名声。（也有可能这个定理是基于早期数学家的成果。）

古希腊人意识到地球是一个在空间中运动的球体，认为数学是理解宇宙的钥匙

毕达哥拉斯学派是一个秘密兄弟会，所以发现这个定理只是他个人的功劳是不可能的。他们喜欢数字和数列的性质，并相信数字是万物的核心。这个兄弟会在毕达哥拉斯死后持续了很多年。

古希腊的黄金时代

公元前5世纪的雅典，在波斯和伯罗奔尼撒战争期间，见证了

一切能够被认知的事物都有数量，因为缺少数字的任何事物都不会被设想或知晓。

——菲洛劳斯（Philolaus），公元前4世纪

上帝就像一个娴熟的几何学家。

——托马斯·布朗爵士（Sir Thomas Browne），《医生的宗教》（*Religio Medici*），1636

世界历史上最伟大的知识之花。可悲的是，这一时期没有任何数学著作保存下来，我们只有通过零碎的描述和其所解决的问题来认识当时伟大的数学家。即使如此，也足够我们推断出当时的数学家们纯粹出于自己对知识的兴趣，因为古希腊人相信自然的运作可以通过数学来理解。他们认为宇宙是一个受自然规律支配的和谐体（而不是被不可知的神所支配），并且认为地球是一个球体，在空间中运动，并用数学证明这个观念。古希腊数学家定义了日常生活中的实用算术（其中没有任何记录）与对数学和逻辑的更高追求的区别，我们通过那些从他们的遗产中受益的人的著作接触到这些概念。

阿那克萨戈拉因否认太阳是神而被囚禁于监狱

三个问题

古希腊数学家定义了三个伟大的经典几何问题——化圆为方、三等分角、倍立方体，所有这些都依靠圆规和直尺来实现。这些问题困扰了数学家2200年，直到它们都被证明是不可能的。

化圆为方的问题由阿那克萨戈拉（Anaxagoras，约公元前500—前428）提出，他撰写了第一部科学畅销书——《论自然》（*On Nature*），阿那克萨戈拉因其观点而被拘禁，他否认太阳是神，声称太阳是一个巨

大的火红的石头，一个比整个希腊半岛更大的石头，并且来自太阳的光照亮了月亮。在监狱里，阿那克萨戈拉试图找到关于“化圆为方”的解决方法，即给定任何圆，只靠直尺和圆规就能画出面积完全相等的正方形。

在《永恒之神》（*The Ancient of Days'*）中，诗人兼画家威廉·布莱克（William Blake）将上帝描绘成宇宙的建筑师——用几何工具创造地球

倍立方体的问题出现于雅典大瘟疫暴发时期（公元前430年）。埃拉托斯特尼记载说人们征求了提洛岛的先知，天神阿波罗要求停止瘟疫的条件是将他的祭坛扩增一倍。他们把祭坛尺寸都增加了一倍，当然体积就增加了8倍，不是2倍。阿波罗不满意，瘟疫接着杀死了大约四分之一的人口。希腊工匠不知道如何解决这个问题，就向哲学家柏拉图求教。他的回答是神谕旨在羞辱希腊人对数学特别是几何学的忽视。（另一个问题起源的版本是克里特国王米诺斯委托为他掉进一桶蜂蜜而死的小儿子格劳科斯设计坟墓。米诺斯认为提议的陵墓太小，要求将其尺寸加倍。）印度吠陀经文表明，在第一次进行祈愿的地方进行第二次祈愿，需要原来立方体两倍体积的祭坛，这对于古希腊人而言又是一大挑战。

德国数学家卡

米歇尔·斯威兹（Micbael Sweerts，1618—1664）对雅典瘟疫的解释有一定的理想主义色彩

尔·弗里德里希·高斯提出，只依靠直尺和圆规就可以使体积加倍是不可能的，这一点于1837年被皮埃尔·万策尔（Pierre Wantzel）证明。

探索如何将角度三等分并非是很吸引人的问题，因此并没有与之相关的令人兴奋的神话和历史。这个问题的出现，可能是因为，古埃及人为了在夜间辨别时间而需要划分恒星之间的角度。问题是只使用直尺和圆规就将角三等分（例如直角），并且用固定方法将任何已知的角度三等分，这显然是不可能的。然而，不管是否缺乏实际需求，古希腊人对纯理论方法的渴望促使他们继续探索。

几何规则支配世间万物

正如我们所见，古希腊数学家不愿承认无理数（不能表示为两个整数之比的数）。几何学如果仅限于整数和整数之比，那么当我们要计算一个正方形的对角线时就遇到了难题。光是这个就足以让毕达哥拉斯建立的大厦崩塌。爱利亚学派的芝诺提出的悖论（约公元前450年）中的第二个问

阿喀琉斯与乌龟

为了证明整数比形式（无论多么小）的荒谬性，芝诺（Zeno）提出了阿喀琉斯和乌龟之间的竞赛。乌龟先出发，即使阿喀琉斯可以跑得非常快，他永远无法超越乌龟。在阿喀琉斯走过从起始点到乌龟领先的一半距离的时间内，乌龟又向前移动了。当阿喀琉斯走过剩下的一半距离时，乌龟就进一步移动了，尽管移动的距离较短。这段差距将会继续进行下去并且是无限的，所以阿喀琉斯永远无法追赶上乌龟。

题，让事情变得更糟。

芝诺悖论表明，不管一个测量被细分到什么程度，都不能表达现实生活中我们看到的连续体，甚至一系列无穷小的序列都仍然是虚构的。

面临的这两个困难——无理数的存在和为无穷小部分的划分——迫使古希腊数学发生范式转变。

在毕达哥拉斯时代，数字被认为是点，通常用卵石表示（称为结石）。但在200年后的欧几里得时代，大小已经可以用线段表示。原子论让位于连续性，宇宙基础模型也从离散的计数转变为几何测量。尽管$\sqrt{2}$能以

德谟克利特与无限小

化学家兼哲学家德谟克利特（Democritus，约公元前460—前370）提出，任何事物都是由无限小且不断变化的粒子在虚空中运动构成的。他声称，我们自身以及其他世界的创造之所以发生，是因为粒子凝结在不同的构型中，赋予了材料一定的相似性和差异性。（这个想法已经被留基伯提出了。）将其扩展到几何图形中，例如正四棱锥可以被看作是由无限薄的正方形——从底部的最大正方形到顶点的无穷小正方形堆叠而成。因为层是无限薄的，每个正方形实际上和它相邻的正方形一样大小——这当然不可能，否则金字塔将是一个立方体。

将面积或体积分解为无限小的薄片是积分学的基本原则，但德谟克利特无法在这个方法上取得进展，因为他无法通过他的逻辑反对切片尺寸不同。该方法被安提丰、欧多克索斯及之后的阿基米德成功使用。阿基米德推导出了“穷竭法”并求得圆的面积。

奇怪的一对：笑着的哲学家德谟克利特，与哭泣着的哲学家赫拉克利特斯一起“拍照”

数字表示，但却很容易用线段绘制出来。

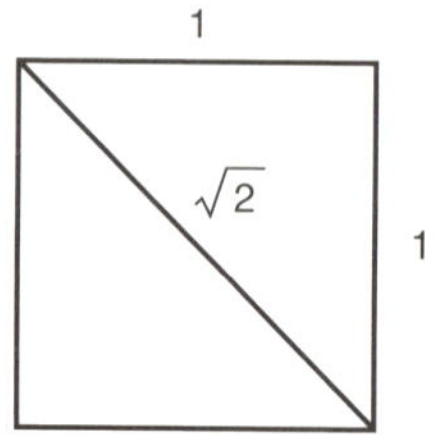

整合一切

几乎没有古希腊数学文献存于4世纪之前，但我们对这一时期的数学发展并非一无所知。亚历山大港的欧几里得（Euclid）——也许是历史上最著名的数学家——汇集和记录了古代几何学的遗产，并在公元前300年左右的《几何原本》（*Elements*）一书中进行了编纂和扩展。到那时古希腊人已经发现了许多曲线（例如椭圆、抛物线、双曲线等），也用积分学的先驱穷竭法确定了圆锥体和球体的体积。尽管柏拉图本人不是数学家，但他所在的学派是雅典数学的中心，帮助区分了纯数学与数字的实际应用。

欧几里得的《几何原本》不仅展示了古希腊人的数学，也展示了他们逻辑方法的发展。欧几里得提出了五个公理和五个基本公设，并由此导出了几百个定理或证明，使逻辑演绎原理持续了几个世纪。

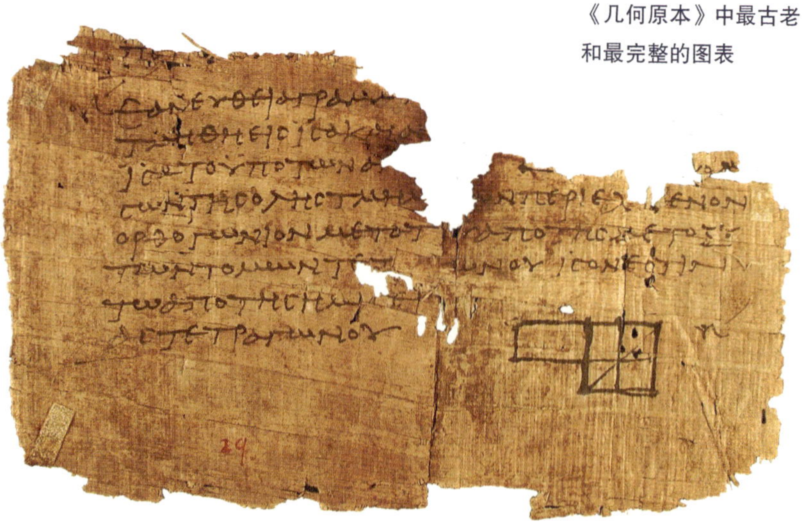

从一个古镇垃圾堆中发现的俄克喜林库斯纸草书，包含了欧几里得《几何原本》中最古老和最完整的图表

亚历山大港的欧几里得

欧几里得（约公元前325—前265）是托勒密一世统治时期（公元前323—前283）生活在埃及亚历山大港的希腊数学家，他常常被认为是“几何学之父”。他最受欢迎的作品《几何原本》（*Elements*），是最成功的教科书，在数学史上使用了两千多年。欧几里得还著有透视、圆锥曲线和球面几何学领域的作品。

欧几里德的作品原本写在莎草纸纸卷上，随着莎草纸纸卷的腐烂，他的作品仅以手抄本的形式流传下来。《几何原本》现存最古老的版本是写于公元888年的拜占庭手抄本——我们无法确定这个版本是来自欧几里德自己的原创文本，还是后来学者改进或修改过的作品。

尽管欧几里得以探索平面几何（二维图形）而闻名，但他也研究了数论、代数和立体几何的问题。作为初等数学的教科书，它不涉及简单的算术或更复杂的曲线几何形状和后来被阿波罗尼奥斯研究的圆锥曲线。欧几里得用来发展其他一切定理的五个基本公设是：

1.任何两点都可以用一条直线连接。

2.任何一条有限直线可沿直线继续延长。

3.以任一点为圆心和任意半径可以作圆。

4.所有直角彼此之间都相等。

5.如果一个平面内的两条直线与另一条直线（称为截线）相交，并且在同一侧的内角之和小于两个直角和，那么这两条直线可以延长，直到它们最终在截线的另一侧相交。

最后一个也称为“平行公设”。它不像前四个那样显而易见。柏拉图要求公设应该简单，且不必证明。前四个公设符合他的条件，第五个不符合。可能在欧几里得生活的时期，这是显而易见的。然而，直到19世纪才发现最后一条公设无法由其它公设推导出来。

此外，欧几里得还得出了五个与几何学不太相关的基本公理：

1.等于同量的量也彼此相等。

2.等量加等量，其和相等。

3.等量减等量，其差相等。

建成于公元70—80年，罗马竞技场是一个椭圆形的露天剧场，也是一个罗马建筑与工程杰作

4.彼此重合的东西彼此相等。

5.整体大于部分。

欧几里得在希腊化时代末期才开始写作，此时亚历山大大帝和亚里士多德已去世。亚历山大帝国分崩离析后，雅典失去了其作为知识中心的

亚历山大港的希帕蒂娅

希帕蒂娅（Hypatia，约370—415）是亚历山大港著名数学家兼哲学家席恩（Theon）（所有现存的文献都是从他的欧几里得《几何原本》手稿衍生出来的）的女儿。希帕蒂娅是一个新柏拉图主义者，并进行了新柏拉图主义和数学演讲。她是已知最早的著名女数学家。遗憾的是，她的数学著作没有一本幸存下来，只有她对其他数学家工作的评注可能以注释的形式留给我们。她在415年被一个基督暴徒谋杀，原因是该暴徒被亚历山大港的牧首煽动扫除异教徒的学术，亚历山大港的图书馆也同时被摧毁。

辉煌地位，相反，知识分子聚集在埃及的亚历山大港。亚历山大港在当时是埃及首都，公元前31年埃及艳后的军队战败，埃及在罗马统治下开始走向衰落。最先从欧几里得的作品中受益的是罗马人，但是数学不受罗马学者的重视，在罗马只看重其实用性，很多其他特性都被忽略。所以建筑师只需要了解几何、计算和荷载，商人只需要懂算术，但却没有人考虑过拓展数学知识的边界。

当奥多亚克领导的日耳曼部落征服了现代大部分意大利地区的时候，罗马帝国的终结见证了欧洲很长一段时间数学活动的停滞不前。相反，这时印度和中东地区的几何学就像数学研究的其他领域一样不断发展。

三角学

三角学是数学中关于计算角度的分支，尤其是计算直角三角形。在16世纪之前，它实际上是几何学的一部分，但从那以后，它逐渐被视为一个独立的数学领域。

因为任何多边形都可以简化为三角形的组合，因此三角学可以使数学家处理以直线为边界的面积或曲面问题。平面三角学处理平面上的面积、角度和距离问题。球面三角学处理三维空间的角度和距离问题。

金字塔中的三角形

古埃及人对三角形的了解源于他们搭建的金字塔。纸莎草文本中有一个从高处和底部看金字塔的角度的问题。它被表达为与梯度度量相反的比率。

如下图：任何多边形都可以被划分为三角形，这使得运用三角法时，计算面积变得容易

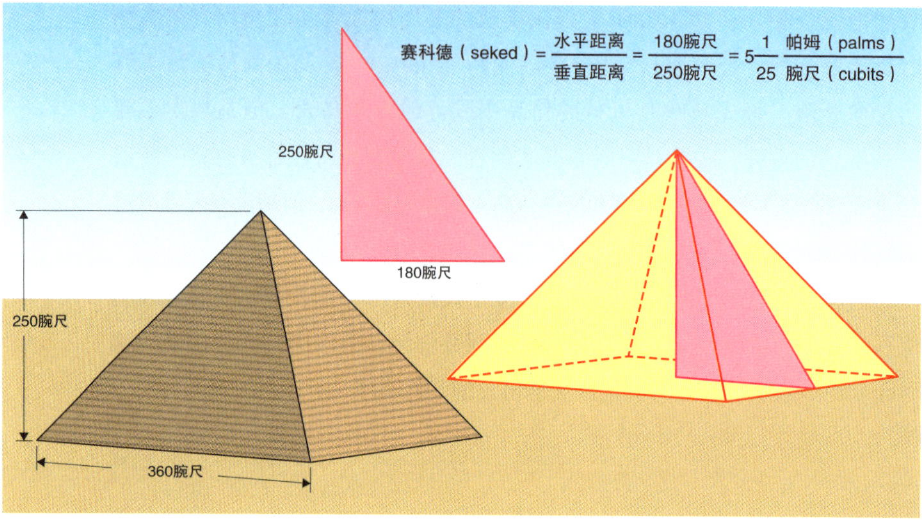

古埃及人通过想象结构内部的直角三角形来计算金字塔的赛科德单位或斜面

不过，古埃及人对三角形的研究和其他数学领域一样不够深入，他们对在实际应用中的三角学很感兴趣，而不是对纯粹三角学感兴趣。早期的印度数学家也掌握了一些三角学的知识。《绳法经》在描述祭坛的情况下，包含了π/4（45°）的正弦为$1/\sqrt{2}$的计算。因此，三角学后续发展的问题就这样恰好留给了古希腊人。

360° 转弯

古希腊人以直线和圆为几何基础，推动了三角学的发展。360°成一个圆、60′为一度角的传统似乎源于比提尼亚的喜帕恰斯（Hipparchus，约公元前190—前120）发展起来的希腊数学。它可能源于巴比伦将黄道十二宫的天象划分为十二个星座或三十六个十分之一，并且每年大约有360天的季节性周期。巴比伦人表示分数的卓越体系比埃及或希腊体系更实用。托勒密

如下图：我们仍然将梯度视作垂直上升与水平距离之比，尽管我们从古埃及时期之后就已经把这个顺序颠倒了

（Ptolemy）遵循其六十进制系统，把1度分成60分，每分分成60秒。

生肖钟：巴比伦人将生肖分为12个星座或36个黄道十度分度——反映了他们约360天的季节性周期

球面与平面三角学

平面三角形在平面上，而球面三角形内接于球体的表面。它是由围绕球体的三个相交圆的圆弧所形成的环绕球体并由球体切割所形成的平面。球面三角形最开始的定义是从古埃及亚历山大港的梅涅劳斯（Menelaus）的作品中发现的。他探索了适用于球面三角形且类似于平面三角学中欧几里得原理的定理。显然，球面三角形在天文学还有地图中是必不可少的。

平面三角形中的角度加起来总是180°，但球面三角形的角度和加起来总是超过180°。此外，平面三角形和球面三角形还存在许多其他的区别。直到1250年左右，纳绥尔丁·阿尔图西（Nasir al-Din al-Tusi，1201—1274）的工作将球形三角学与天文学相关联。阿尔图西是第一个列出六个球面上直角三角形的不同类型，并将其从三角学分离的人。他推动球面三角学成为其现今的形式。

古埃及亚历山大港的梅涅劳斯的著作最早提到球形三角形

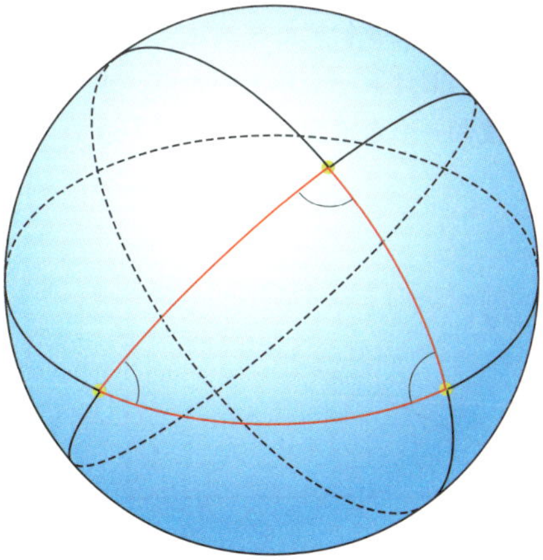

三角形的拓展

喜帕恰斯是第一个编制三角函数表的人，他的兴趣是在想象的夜空球体上“画”出想象的三角形，使天体相互关联，以便计算和预测行星的位置。喜帕恰斯考虑到每个三角形都内切于一个

喜帕恰斯在他亚历山大港的天文台看星星。他被认为发明了星盘和浑天仪

圆，于是开发了一个由弦计算角度的系统。他绘制了与现代正弦和余弦概念相关，由不同大小角度产生的弦表。而古希腊天文学家克罗狄斯·托勒密（Claudius Ptolery，100—170）在他的天文学著作《天文学大成》（*Almagest*）中扩展了喜帕恰斯的作品，推导出了更好的三角函数表，并将反三角函数定义为反正弦和反余弦。他用60°作为弦表的基础，并给出从0°到180°间1/2°的步长的值，可以精确到一个单位的1/3600。这等同于0°到90°间1/4°的正弦表。托勒密运用欧几里得公理并聚焦于平面三角形以发展他提出的天体绕地旋转模型。

托勒密在亚历山大港生活和工作，关于他的生活细节并没有被保存下来，甚至有可能他来自希腊。他的作品是在中世纪最早于欧洲传播的论三角法。他的天空模型一直保留到波兰天文学家尼古拉·哥白

三角函数

这六个三角函数，使我们能够在给定一个直角三角形的两边时计算一个角度的大小，或给定一边长度和一个角度大小时计算另一边的长度

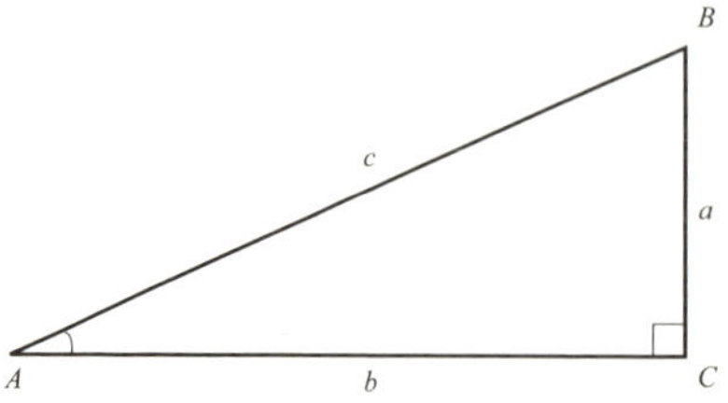

$\sin A = \frac{a}{c} = \frac{\text{对边}}{\text{斜边}}$

$\cos A = \frac{b}{c} = \frac{\text{侧边}}{\text{斜边}}$

$\tan A = \frac{a}{b} = \frac{\text{对边}}{\text{侧边}}$

$\csc\ (\text{cosec})\ A = \frac{c}{a} = \frac{\text{斜边}}{\text{对边}}$

$\sec A = \frac{c}{b} = \frac{\text{斜边}}{\text{侧边}}$

$\cot A = \frac{b}{a} = \frac{\text{侧边}}{\text{对边}}$

尼（1473—1543）提出太阳是太阳系中心的时候。

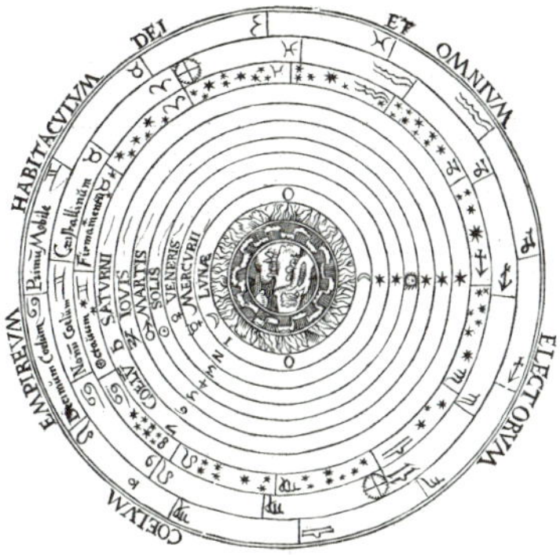

地心（地球的中心）宇宙（1539年）显示了亚里士多德提出的四种元素，它们被行星与上帝的住所围绕

时代的光辉

在希腊之后，印度和阿拉伯的数学家致力于研究三角学。阿拉伯学者翻译并传承了希腊前辈的作品，很快便有了新的突破。印度数学家在很大程度上按照他们自己的传统工作，而这些传统工作借鉴了古埃及和巴比伦的遗产。

印度数学家首先使用我们现在定义的正弦函数。4世纪早期，或者也许在5世纪晚期，印度天文学著作《利耶悉檀多》（*Surya Siddhanta*）的佚名作者，计算了以3.75° 为间隔从3.75° 到90° 的正弦值。文本日期不详，其幸存版本也许可以追溯到公元400年。但它却声称是直接从公元前2163101年开始由太阳神传承而来的！阿耶波多一世（Aryabhata Ⅰ，约475—550）的《阿耶波多历数书》（*Aryabbatiga*），总结了印度公元6世纪前半叶的数学，并涵盖了三角函数。

第一张正切和余切表由波斯天文学家艾哈迈德·伊本·阿卜杜

三角形与水流

三角学的一个实际应用是计算水流的梯度。居住在斯里兰卡阿努拉德普勒市的僧伽罗人为此使用了三角法。他们是古代世界最伟大的亚洲文明之一。为了耕种周围的旱地，并向庞大的城市供水，僧伽罗人建造了一个高度复杂的灌溉系统，由地上和地下通道、水库和池塘组成。

在现代的阿努拉德普勒，手泵已经取代了1900多年前开始使用的复杂灌溉系统

计算正弦

正弦函数是直角三角形中一个角所对的边与斜边的比值。

为了计算正弦函数，画一个半径为1的圆，并在其中画出所需的三角形，如下所示：

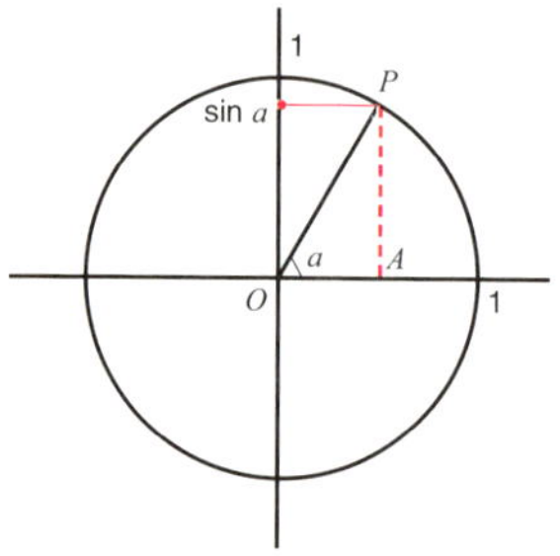

斜边的距离OP是圆的半径，即为1。点P的y坐标能够给出角a的正弦（$=AP/1$）。这个圆称为单位圆（因为它的半径为1），根据惯例，可用于推导和联系所有的三角函数。

拉·哈巴什·哈西卜·马尔瓦齐（Ahmad ibn 'Abdallah Habash al–Hasib al Marwazi）于860年左右完成。叙利亚天文学家阿尔·巴塔尼（Abu'abd Allah Muhammad Ibn Jabir Ibn Sinan al-Battani al-Harrani as-Sabi'，约858—929）给出了通过度量影子计算太阳海拔高度的方法。他的“阴影表”是从1°到90°角（间隔是1°）的余切表。他还计算出地轴的倾角23°35'。正是巴塔尼

测量地球

埃拉托斯特尼注意到，夏至日的中午，在赛伊尼（今阿斯旺）观察，太阳位于头顶上方；而同一日期和时间，在位于西北500英里（800千米）的亚历山大港观察，太阳的角度为7°。因为太阳是如此遥远，埃拉托斯特尼假设太阳光线在到达地球时几乎是平行的。他利用三角学和已知的两个城市间的距离，计算出地球的周长。他所采用的计算方法的准确性不能精准评估，因为他的计量单位——视距长度是不确定的。

的工作，使得正弦走进欧洲，没有波斯数学家巴塔尼的工作，他也有可能独立发现这些规律。

阿尔图西的学生库特布丁·设拉子是第一个对彩虹做出科学解释的人

波斯数学家和天文学家阿布·瓦法·布兹贾尼（Abu al-Wafa al-Buzjani，940—997或998）主要致力于三角学的研究，但他的大部分研究成果已丢失。他引入了切函数以及改进的三角表的计算方法，还发现了正弦球面几何公式：

$$\frac{\sin A}{\sin a}=\frac{\sin B}{\sin b}=\frac{\sin C}{\sin c}$$

月球上的一个陨石坑就是以他的名字命名，以纪念他对月球运动的研究。

阿尔·巴塔尼计算了地球轴23° 35'的倾斜角度。他还估计一个太阳年的长度为365天5小时46分24秒

一直到13世纪阿尔图西在马拉赫天文台将三角学建立为一个单独的学科，阿拉伯数学家一直都在优化这些表格和三角函数，为天文学而服务。一个早期的成果是阿尔图西的学生库特布丁·设拉子（Qutb al-Din alShirazi，1236—1311）对彩虹的解释。乌鲁伯格（Ulugh Beg）——蒙古大帝帖木儿（帖木儿大帝）的孙子，在15世纪早期建立了撒马尔罕的一个天文台，为每分的弧线制作了正弦表和正切表，并精确到小数点后五位。它是数学上最伟大的成就之一。

对于穆斯林来说，每天向麦加祈祷几次的要求，促进了寻找方向的进步

六分仪彻底改变了导航。它允许水手们通过跟踪太阳在地平线上的轨迹来确定其位置

找到方向

确定从任何一处到麦加的方向的需求是阿拉伯几何学和测量的动力，以便虔诚的穆斯林可以应对《古兰经》提出的向圣城祈祷的神圣要求。考虑到这一需求，阿拉伯地理学家采用了生成立体球面投影的平面图像，其中圆映射为圆或直线。这一技术第一次被阿波罗尼奥斯和托勒密所使用。

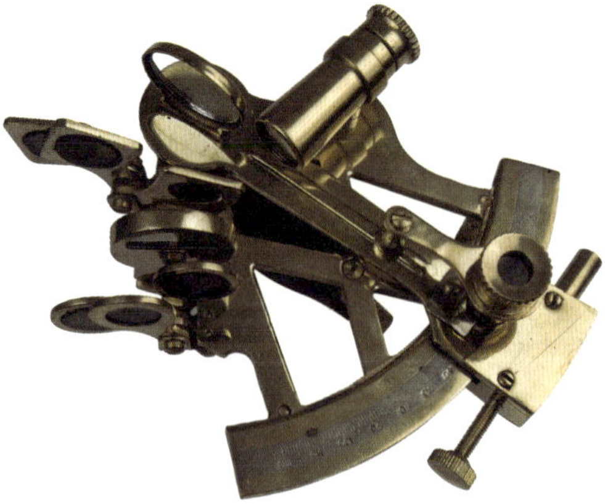

从9世纪开始，阿拉伯人完善了星盘，它是古希腊人设计的天文仪器。它由刻有太阳、月亮、恒星和行星的一系列同心圆组成。简单的移动环代替了一大堆乏味的计算工作。星盘可以在天文学、计时、测量、导航和三角测量中使用。

从11世纪开始，随着许多阿拉伯语文献被翻译为拉丁语，希腊和阿拉伯结合的三角知识开始进入欧洲。欧洲人热情地接受了星盘这个工具并一直使用直到18世纪六分仪被发明。

走进现代世界

尽管中世纪的欧洲学者翻译了阿拉伯和希腊作品中的三角学和其他几何学作品，但却没有任何创新。直到文艺复兴，欧洲的三角学及数学才得到再一次发展。约翰内斯·穆勒·冯·柯尼斯堡（Johannes Müller von Königsberg，1436—1476），也被称为雷格蒙塔努斯（Regiomontanus），是第一本专门研究三角学的书的作者，此书于1533年发表，它汇集了所有工作所需的平面和球面三角的公式，受到广泛赞誉，影响甚广。伟大的波兰天文学家哥白尼在作品中加入了他的新太阳系模型。哥白尼在普鲁士数学家乔治·雷蒂库斯（Georg Rheticus，1514—1576）的帮助下开始工作。在他自己的工作中，他研究得更为深入，最后提出了关于三角形的三角学。他抛弃了旧的传统，也就是三角函数是圆的弧线，使三角形独立，并计算了六个三角函数，绘制了详细表格，并开始尝试计算准确度更高的数据，但在完成之前就去世了（这些工作由他的一个学生继续完成）。

在16世纪，尼古拉·哥白尼证明了地球同其他行星一起绕太阳转。这使人们先前头脑中的信念发生了变化

致命的三角形

伽利略·伽利雷（Galileo Galilei，1564—1642）发现，射弹的运动是呈抛物线状的，并且可以将其分解为垂直运动和水平运动。这导致了在不考虑空气阻力的情况下，大炮或其他火炮武器射程计算公式的产生：

$$\frac{v_0^2\sin 2A}{g}$$

其中，g为重力加速度（大约9.81米/秒^2）；

v_0为初速度（炮弹离开大炮或子弹离开枪的速度）；

A为仰角，当达到最大射程范围时，A的值为45°。

宗教裁判所强迫伽利略放弃他“地球绕着太阳转”的信念

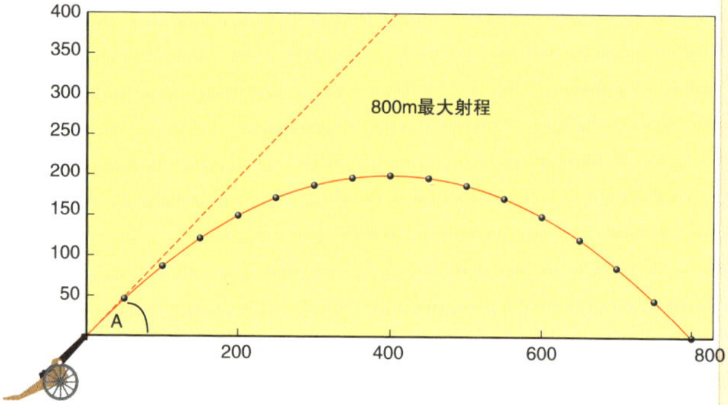

这些进展在三角学和几何学成为一个整体前取得，并开辟了一个新方向，且开始涉足代数和代数几何（见第5章）。

这个重要转变，使三角学更具理论性，与最初观测真实世界形态的目的相分离，后来甚至卷入了虚数和复数的争论之中。

与此同时，实际三角学的应用越来越多。精确时钟的发明、更先进的导航方法和火炮的发明，以及光学的新应用及天文学的进展，都要求应用三角学及其新的发展方向上的知识。

继续前进

三角形和圆在数学史上是密不可分的。随着伽利略对曲线的射程研究，抛物线被人们所熟知。圆形、曲线及空间旋转体让几何学不再受限为平面上的直线，而是增加了空间的维度。有了圆和曲线，我们也开始思考无限的概念，解决了使早期数学家懊恼的问题，最终将几何从三维空间拓展到尽可能高的多维空间。

第 4 章

几何万花筒

我们周围的世界为数学的发展提供了动力。地球本身是一个球体，天空看起来像我们头顶上的一个倒置的碗，这使得曲线、圆和球体从早期就处于几何学的核心地位。世界的这些特征导致解释、描绘和模拟我们身处的宇宙时面临挑战性的问题。如何才能把我们看到的三维镜像在平面中表现出来？如何在二维图上绘制球形地球？对这些问题的探究导致了一项理论研究，提出了更多关于维度和几何的问题。有时，世界似乎并不符合欧几里得所确定的被人们接受了2000年的几何学。处理这些情况的新模型为数学家们开辟了令人兴奋且富有成果的新途径。

在现实世界中，平行线看起来是会相交的

曲线、圆和圆锥

艾萨克·牛顿爵士，有史以来最杰出的数学家之一，将π计算到小数点后16位

圆被定义为绕一点旋转一周，它存在于所有的三角学中。三角形和圆共同构成了天文几何学的基础，通过在天空的圆形圆顶上绘制假想三角形来探索天文学问题。伽利略射弹模型为三角学带来了另一条曲线，引入了三角函数和圆锥曲线之间的联系——曲线，可通过切割实心圆锥体得到。事实上，自最早的几何形状以来，三角形和曲线一直是不可分割的。三角函数表最初都是使用直径和弦，由在圆内绘制的三角形定义的。角度是参照圆旋转一周来测量的，而圆至少在喜帕恰斯时代就被划分为360°。

神奇的比率——π

自古以来，圆就被赋予宗教和神秘的意义。它是完美的形状，没有边（或无限多边），无尽的线，并且在大自然中随处可见。数千年前，人们就已经知道了直径与圆的周长的比例总是相同的，并赋予了该比例特殊的含义。我们用希腊字母π（pi）来表示这个比例。瑞士数学家莱昂哈德·欧拉（Leonhard Euler，1707—1783）于1737年推广该符号。威廉·琼斯（William Jones）于1706年首次使用它。π是一个无理数，具有无限个小数点位数（见下一页的表格）。

计算π

巴比伦人使用我们现在称为π的比率的近似值3.125，该比率是通过计算或测量圆的内接正六边形的周长而获得的。

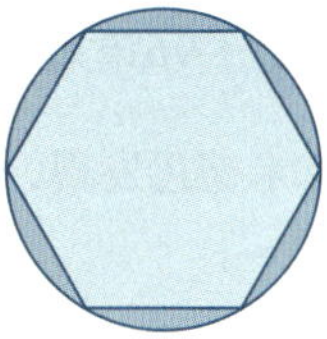

阿默士纸草书展示了一种方法，根据该方法可以得出$\frac{256}{81}$或约3.16049的值。

中国的著作《九章算术》给出了计算圆面积的方法，通过将直径平方，除以4再乘以3，因此将π的值取为3。

阿基米德发展了一种更复杂的方法，该方法涉及圆内切和圆外接正多边形，从而给出π值的上限和下限。随着多边形的边数的增加，他可以获

人物	地点	时间	成就
阿默士	古埃及	约前1650年	$\frac{256}{81}$（3.16049）
阿基米德	古希腊	约前250年	$\frac{223}{71}<\pi<\frac{22}{7}$（3.1418）
张衡	中国	130年	3.1622（$\sqrt{10}$）
托勒密	古希腊	约150年	3.1416
刘徽	中国	263年	$\frac{3927}{1250}$（3.1416）
祖冲之	中国	480年	$\frac{355}{113}$（3.14159292）①
阿耶波多	古印度	499年	$\frac{62,832}{20,000}$（3.1416）
花拉子密	伊朗	约800年	3.1416
斐波那契	意大利	1220年	3.141818
阿尔卡西	伊朗	约1430年	3.14159265358979
弗朗索瓦·韦达	法国	1593年	3.1415926536
阿德里安·范·罗门	比利时	1593年	3.141592653589793
鲁道夫·范·科伊伦	德国	1596年	3.1415926535897932384626433832795029

① $\frac{355}{113}$只是祖冲之为π给出的一个近似值，即“密率”（“祖率”），他还给出了另一个近似值“约率”$\frac{22}{7}$。另外，祖冲之的成就应该包括π的上下限，即“朒数”。

得越来越精确的极限值。他确定了96条边，这使π的值介于$\frac{223}{71}$和$\frac{22}{7}$之间，或平均值约为3.1418。阿基米德还发现，用半径的平方乘以相同的比值可以计算圆的面积（πr^2）。

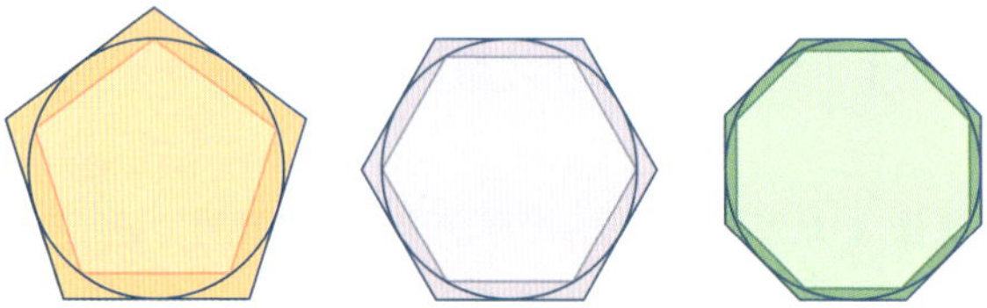

中国古代、古印度和阿拉伯的数学家计算π的精确度更高，但没有比阿基米德更好的方法了。例如，刘徽在公元263年使用了一个具有3072条边的多边形，并获得了3.1416的值。到17世纪末，发展出了更好的计算方法。英国数学家艾萨克·牛顿爵士使用二项式定理计算π到小数点后16位。

如今，计算机已经将π值计算到小数点后10^{12}个以上的数位，而在个人计算机上，有许多程序可以将π计算到小数点后十亿甚至更多位。对于大多数实际应用而言，这种精确度是完全不必要的。如果π值取精确到小数点后10位，再根据地球半径计算地球的周长，则结果精确到毫米的五分之一左右。

化圆为方

虽然化圆为方的问题因阿那克萨戈拉而出名，但同样也困扰着早期的数学家。阿默士提供了一种构造与圆具有几乎相同面积的正方形的方法，该方法为：减去圆直径的九分之一，然后将其余部分用作正方形的边，尽管这是一种圆的面积的计算方式，但不能解决经典问题。（据此，我们推出古埃及的π的值为3.16049。）

我们已经知道，古希腊人尝试用几何方法解决化圆为方问题，但失败了。后来的数学家也尝试过，也都失败了。在18世纪的欧洲，用圆规和直尺化圆为方成为专业数学家和业余数学家的首要任务，以至于1775年，巴黎科学院通过了一项决议，称不再考虑任何提议的解决方案。此后不久，伦敦皇家学会采取了同样的措施，因为他们被错误的解决方案所淹没。

一些数学家甚至试图通过给 π 赋一个不同的值来回避这个问题。

当卡尔·路易斯·费迪南德·冯·林德曼（Carl Louis Ferdinand von Lindemann，1852—1939年）在1880年证明 π 是一个超越数（即不是任何有理系数的代数方程的根）时，这最终证明，化圆为方实际上是不可能的——使用直尺和圆规处理超越数是完全不可能的。

圆锥曲线

圆不是唯一的曲线。尽管圆和圆弧是首先被研究和使用的曲线，但还有其他三种规则曲线引起了几何学家的注意，它们是抛物线、双曲线和椭圆。每种都可以通过切割一个圆锥体来得到，它们被称为圆锥曲线。

有关圆锥曲线的第一部有影响力的著作出自佩尔格的阿波罗尼奥斯（Apollonius，约公元前262—前190）。他是亚历山大学派的一位希腊几何学家和天文学家，被称为“伟大的几何学家”。尽管阿波罗尼奥斯撰写了其他著作，但只有关于圆锥曲线的论著得以保存下来。该论著的前几节借鉴了以前的作品，而后几部分则完全是原创的。阿波罗尼奥斯的著作完全取代了之前圆锥曲线的所有著作，就像欧几里得的著作取代了先前所有希腊几何一样。阿波罗尼奥斯描述了他命名的曲

在阿波罗尼奥斯之前，人们使用不同形状的圆锥来推导每种类型的曲线。阿波罗尼奥斯证明，通过调整划过圆锥的平面角度，所有曲线都可以从同一个圆锥中推导出来

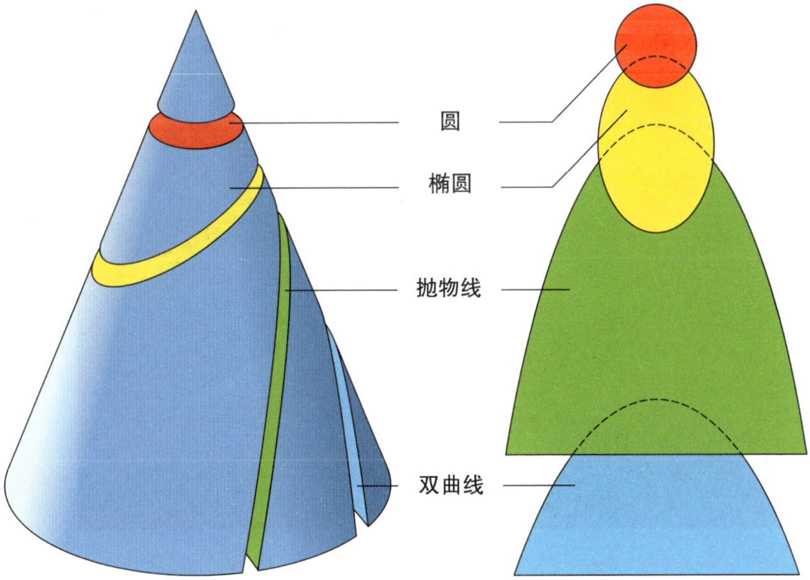

线的推导和定义，并考虑了可以从曲线上给定的一个或多个点绘制的最短和最长的直线。在这方面，他为笛卡尔坐标系中的二次方程定义曲线奠定了基础。事实上，在1800多年后，勒内·笛卡尔将他的解析几何与关于移动点及其与固定线的关系的阿波罗尼奥斯定理的推广形式进行了对比。

阿拉伯数学家和文艺复兴时期的数学家都深受阿波罗尼奥斯的影响。尽管几位阿拉伯数学家研究了圆锥曲线，发现了计算圆锥曲线截面图形的面积和体积的方法，但要到奥马·海亚姆才将他们的研究推向新的方向。在运用圆锥曲线求解三次方程的一般解时，在某种程度上他预见了笛卡尔的方法——将几何和代数结合起来（尽管他表示希望他的后继者能够找到

现实应用

阿波罗尼奥斯为自己的理论工作具有价值而感到自豪——“为了示范本身，它们是值得接受的”——他的大部分工作在他的时代几乎没有实际应用，但后来在许多科学领域都得到了应用。他关于双曲线的成就产生的结果等同于定义气体作用的波义耳定律，并且他对椭圆切线的研究（尽管他不知道该术语）对于理解行星和恒星的运动以及太空旅行的计划至关重要。

在阿波罗尼奥斯之后2000多年，太空旅行已成为他在曲线上的研究成就的实际应用

代数解以求根）。阿波罗尼奥斯的成就在欧洲文艺复兴时期被重新发现，为光学、天文学、制图学和其他实用科学的许多进步奠定了基础。

从光学开始

据说阿波罗尼奥斯在一部佚失的著作中讨论了抛物面镜并证明了从球体内部反射的光不会反射到球体的中心。光学已经成为应用和开发曲线工作的主要领域。它也可能具有最

伊斯坦布尔（前身是君士坦丁堡）圣索非亚大教堂神话般的内部：祭坛全天都被阳光照亮

完美的摆锤

荷兰科学家和数学家克里斯蒂安·惠更斯（Christiaan Haygens，1629—1695）在发现了一条新的摆线之后，开发了摆钟。他发现摆线针筒内任何高度的摆锤都会在同一时间到达底部——无论走多远。惠更斯继续展示了其他曲线的特性。他使用解析几何和微积分的方法来计算曲线的长度，并成为第一个发现旋转抛物线形成的称为抛物面的旋转固体部分表面积的人。

惊人的实际应用。约公元前200年，狄俄克利斯（Diocles）在几何学上证明了平行于抛物面（通过旋转抛物线产生的立体图形）旋转轴的光线经抛物面反射汇聚于抛物面焦点。据记载，阿基米德曾用它来点燃抵达海岸的敌舰。椭圆的焦点性质被君士坦丁堡的圣索菲亚大教堂（537年）的建筑师使用，以确保祭坛在白天的任何时候都能被阳光照射。几位阿拉伯科学家研究了由圆锥截面制成的镜子的特性。伊本·海瑟姆（Ibn al-Haytham）在凸球面镜上找到了观察者可以在给定位置看到物体的点，并展示了如何设计日晷所需的曲线。

可以将相同的属性应用于声音——美国国会大厦和伦敦圣保罗大教堂的画廊都经过建造，以便可以从相反的位置听到画廊一侧的窃窃私语，但在其他地方却听不到。甚至最近，卫星天线和太阳能收集天线已经利用抛物面的反射特性将射向它们的射线聚焦到中央接收器或收集器上。在外科手术中，利用相同的几何形状将超声波聚焦在体内的器官或结石上。

伽利略在弹道上的工作和开普勒在行星运动上的工作是圆锥曲线在光学以外的学科中最早的应用之一。开普勒发现，地球沿着一个椭圆形轨道运动，太阳位于椭圆的一个焦点上。

关于圆锥曲线和曲线的研究，后来使用无穷小分析尝试求曲线下的面积或曲线的长度，17世纪笛卡尔和费马发明了解析几何，为圆锥曲线的现代定义铺平了道路。17世纪和后来的数学家用代数方程来定义圆锥曲线，而不是通过切割圆锥来导出圆锥曲线，因为路径是由两个变量中的点根据二次方程在平面上移动而绘制的。在我们的故事中圆锥曲线从几何中消失了，并重新出现在代数中。

立体几何

人类一旦开始建造比简单的小屋（此时，试错就足够了，而不必用到数学）更复杂的东西，就需要立体几何——立体、三维物体的几何。古典数学家面临的三个问题之一——倍立方体就是立体几何问题。

立体几何中的问题与测量三维形状的尺寸或体积有关。需要测量的体

积不一定是一个立体的体积；立体几何的早期用途可能与测量容量以及计算建筑物的尺寸有关。古巴比伦和古埃及文字中的一些问题与地窖和金字塔的体积计算有关。

在开始建造金字塔之前，古埃及的建筑者们必须计算其体积以获取适量的石材

基本形体

柏拉图定义了五种多面体，所有面都相同。他将这些与他认为构成物理世界的基本元素相关联。这些柏拉图立体是正三棱锥（正四面体）、立方体（正六面体）、正八面体、正十二面体和正二十面体。柏拉图声称地球是由立方体的粒子、四面体的火、正八面体的空气和正二十面体的水组成的。他声称：“……上帝使用［正十二面体］来安排整个天堂的星座。”欧几里得在《几何原本》中详尽地介绍了柏拉

柏拉图立体：这些是柏拉图认为构成物理世界的基本元素。他进一步相信地球是由立方体的粒子、正四面体的火、正八面体的空气和正二十面体的水组成的

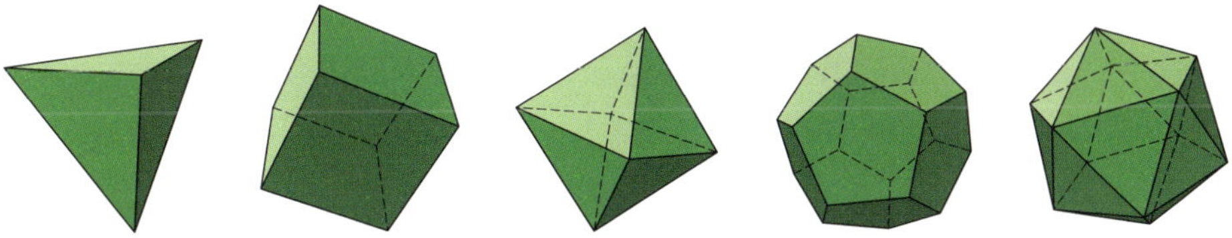

正四面体　正六面体或立方体　正八面体　正十二面体　正二十面体

星形正多面体和非正多面体是通过将多面体的面延伸至相交而生成的。一些多面体会产生许多星形，而另一些则很少

图立体，并重复了柏拉图关于只有五种正多面体的断言。

德国天文学家约翰尼斯·开普勒（Johannes Kepler，1571—1630）试图将柏拉图立体与已知行星联系起来，并建立了一个太阳系模型，其中的多面体相互嵌套。尽管他不得不放弃该模型，但在研究过程中，他确实在1619年发现了两个星形正多面体。这些星形正多面体是通过延伸多面体的边缘或面直到相交而形成的。路易·庞索（Louis Poinsot）于1809年发现了另外两个。1812年，奥古斯汀·柯西（Augustin Cauchy）证明不再有更多的星形正多面体。

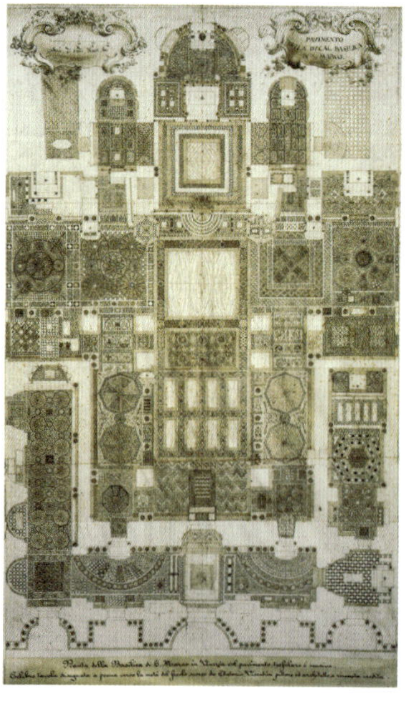

威尼斯圣马可大教堂的平面图：在15世纪的大理石地板上描绘了一个星状多边形

尽管柏拉图首先描述了柏拉图立体，但在苏格兰发现的、距今4000年前的雕刻石球上，人们也看到了这些形状。开普勒的多面体中至少有一个在被记录之前就已为人所知。在意大利威尼斯的圣马可大教堂的大理石地板上描绘了一个星状多边形，其历史可追溯至15世纪。

测量体积

正如可以将二维多边形简化为一系列三角形一样，为了计算体积，通常可以将三维多面体简化为规则立

金皇冠

古罗马作家维特鲁威（Vitruvius，约卒于公元前25年）讲了一个故事，赫农王（King Hieron）委托制造了一顶纯金皇冠，要求阿基米德确定该珠宝商制作的皇冠是否是真的纯金。显然，阿基米德无法损坏皇冠进行测试。他意识到可以通过将皇冠浸入澡盆中来测量排水量，然后称重皇冠并计算其密度。通过将其与已知的黄金密度进行比较，他可以确定它是否掺杂了更便宜、密度更低的金属。

体。计算立方体、方锥或三棱锥、圆柱体和圆锥体的体积的方法为古埃及人所熟知。但是，无法约化为这些形状的立体的体积则很难计算。阿基米德意识到，可以通过测量流失的水量来求得不规则立体的体积。据记载，这一发现导致他从浴池中裸奔而出，大喊“尤里卡！”[①]。

阿基米德最有名的是他在浴缸中的“尤里卡！”时刻，他还解释了杠杆原理，即基于机械原理的装置

球体通常不被视为规则立体，因为它没有角度、边或

祖冲之不仅是第一个测量球体体积的人，而且还创建了一个新的历法，上海这座雕像是对这位数学家的纪念

① “尤里卡”原是古希腊语，意思是“我发现了，我找到了”。

面。阿基米德证明，球体的体积和表面积是相同高度和直径的圆柱体的三分之二。中国数学家祖冲之（429—500）最早证明了球体的体积为$\frac{4}{3}\pi r^3$。

体积和微积分

用于发现正多面体或可分解为正多面体的立体的数学方法，以及测量不规则立体（通过浸没入液体）的实用方法被建立之后，除了不规则立体和实心圆锥的体积，就没有什么需要计算的了。直到17世纪末，微积分的发明才解决了这些问题。

投影几何

尽管古希腊数学家坚信理论的纯粹性，但数学来源于现实世界并影响着我们与现实世界的关系。这些出于对高深逻辑的兴趣而进行的研究与发现，与现实世界中的应用相距甚远，导致文艺复兴时期的欧洲在艺术、科学和数学之间产生了丰富的交叉融合，从而诞生出看待世界的新方式，反过来又引出新的数学思想。

几个世纪以来，我们看待周围世界甚至宇宙的方式激发了几何学家的兴趣和灵感。无论是解释人们如何看见事物以及说明光的表现形式的机制，还是对人们所看见的事物进行描绘与建模过程中遇到的困难，都受益于几何学的发展，同时也促进了几何学的发展。射影几何学研究图形之间的位置关系以及它们是如何投射或呈现的，并以研究物体投射的

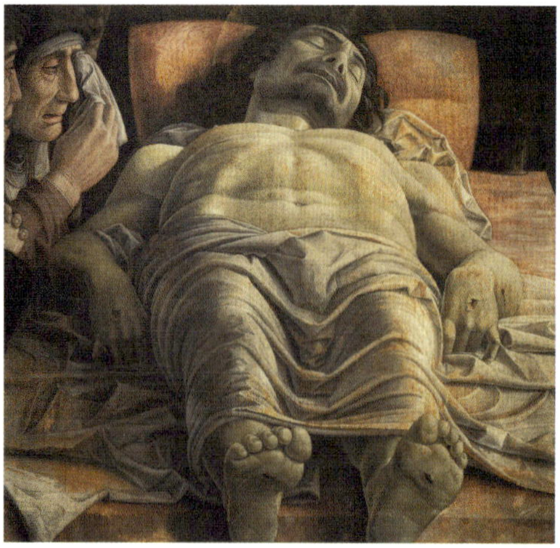

安德烈·曼特尼亚（Andrea Mantegna，1431—1506）的《死去的基督》（*The Dead Christ*）是西方艺术中运用透视原理的经典例子

阴影和远处物体在眼睛上的呈现为始。

透视物体

佛罗伦萨圣母百花大教堂（1420—1436）的圆顶是布鲁内莱斯奇成就的顶峰；它承受着石料重量的压力

阿拉伯科学家和数学家阿布·阿里·哈桑·伊本·海瑟姆（Abu Ali al-Hasan ibn al-Haytham，约965—1040）用几何学来阐述他的光学思想。他发展了欧几里得的一些成果和思想，重新定义了平行线，并使用圆锥曲线来帮助探索光的反射和折射。他确定了从物体发出的光线的精确模型，而不是从观察者的眼睛发出（这是某些科学家采用的模型）。他描述了一个来自物体的金字塔射线，其中一些射线到达了观察者的眼睛。他继续使用圆锥曲线确定从平面或曲面反射的点。海瑟姆的作品通过翻译为拉丁文传播到西方，并引发了艺术史上最伟大的革命事件之一——意大利文艺复兴时期线条透视的发现。

佛罗伦萨建筑师兼工程师菲利波·布鲁内莱斯奇（Filippo Brunelleschi，1377—1446）首先重新发现了古希腊人和古罗马人所熟知的线条透视的建筑原理。布鲁内莱斯奇在两个已丢失的解释性嵌板中展示了透视原理，在1435年，他的作品被莱昂·巴蒂斯塔·阿尔伯蒂（Leon Battista Alberti，1404—1472）纳入《论绘画》（*On Painting*）中。

阿尔伯蒂认为，绘画就像是图像在垂直平面上的投影一样，该平面在物体（金字塔的顶点）和观察者的眼睛之间的某个点切穿了光线的金字塔。绘画包括一个“无穷远点”（现在称为消失点），绘画中的平行线在该点处汇聚。

绘制世界

显示世界的大比例图像需要使用不同类型的几何图形。测量师将三角学作为新方法用于三角测量，这使制作精确的地图首次成为可能。三角剖分最早是由佛兰德数学家伽玛·弗里西斯（Gemma Frisias，1508—1555）于1533年在欧洲提出的，但三角剖分的粗略版本在古埃及和古希腊就已有使用，亚历山大港的数学家海伦（Heron）在公元1世纪描述了原始的经纬仪。

使用经纬仪测量从基线的每一端到远处目标的视角。然后，三角法给出到目标的距离。通过用测量和计算的三角形覆盖地理表面，可以绘制整个区域。第一个大规模的制图工程是由威里布里德·斯涅

1874年地理测绘成员在美国科罗拉多州圣杨县的苏丹山山顶进行三角测量

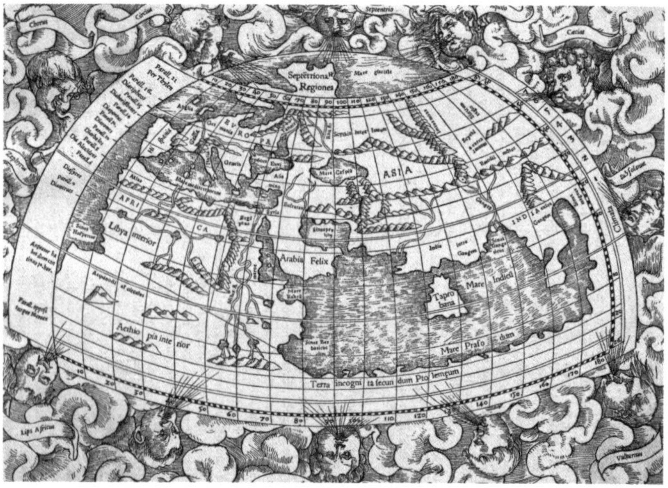

文艺复兴时期基于托勒密地理著作的世界地图。在地理大发现时代，制图技术得到了极大的发展

耳（Willebrord van Roijen Sneu，1581—1626）实施的，他利用33个三角形对荷兰130千米（80英里）长的一段进行了测量。法国政府决定对整个法国进行测绘，这花费了一百多年的时间。英国在1800年至1912年间对整个印度进行了测绘。

从15世纪中叶开始，探险家开始探索和绘制新大陆，葡萄牙人开始探索非洲海岸。在以直线方式测绘时，旨在记录新发现的大片土地的制图师需要一种以二维方式表示实际覆盖在地球表面上的地形的方法。托勒密在他的《地理学》中使用的方法（在欧洲文艺复兴时期重新发现）不适用于扩大的世界。相反，制图师采用了天文学家用来描绘天空的立体投影。当然，它仅描绘了半球的内部，而制图师则需要展现一个球的外部。（立体投影是从投影点将球体投影到平面上，而在地图上投影点是不可见的。靠近投影点的区域会变形。）

托勒密和美洲

尽管托勒密最著名的作品是《天文学大成》（*Almagest*），但他也写了一本具有一千多年影响的《地理学》（*Geography*）。他制定了两个投影并引入了经纬线，尽管不正确的测量导致他的经度有相当大的误差。他还高估了希腊土地所覆盖的地球表面的范围，因此他计算出的地球尺寸小于真实的情形。

幸存下来的最早的欧洲中世纪的地图在很大程度上依赖于托勒密的《地理学》。当探险者计划乘船向西航行到印度时，他们预计的旅程会比实际要短得多。也许，如果哥伦布意识到这项事业的真正意义，他可能就不会尝试将他带到美洲的航行。

一个浪漫的艺术家的画作展现了1492年哥伦布登陆美洲。经过漫长的旅程，他登陆时一定松了一口气

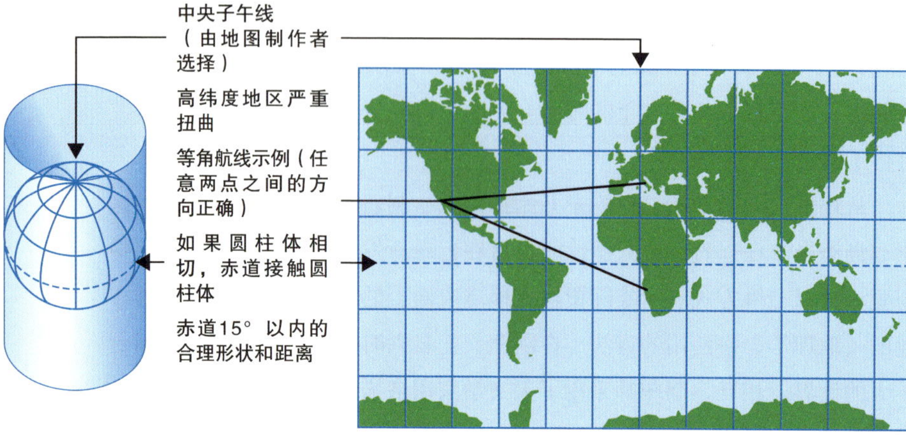

使用墨卡托投影的世界地图，显示了如何将地球投影到圆柱体上

开发出的最成功的变体是墨卡托投影，它是由佛兰德地图制造商格拉尔杜斯·墨卡托（Gerardus Mercator，1512—1594）首先制作的。他把地球画成与赤道相切的圆柱体。纬线和经线以直线间隔绘制，以在地图上的任意点产生精确的纬度与经度之比。展开圆柱体时，将显示平面图。尽管投影对于导航很有用，但它会扭曲极点附近的区域。例如，墨卡托对地球的投影显示格陵兰岛的大小与非洲大致相同，而实际上非洲的面积大约是格陵兰岛的14倍。

回到数学……

对透视和投影的激烈讨论被反馈到数学中，这激发了人们对投影的一般特性的讨论。最重要的成果出现在吉拉德·德萨格（Girard Desargues，1591—1661）的著作中，且最终导致了19世纪更为严密的射影几何学的发展。

德萨格是法国数学家、建筑师和艺术家，是笛卡尔和皮埃尔·德·费

射影几何

射影几何将艺术中线状透视的核心原理形式化，即显示平行线在代表无穷远的一点相交。它摒弃了欧几里得的第五公设（平行公设）。德萨格扩展了透视图绘制的便捷技巧，将其从艺术家的页面上移开，并形成了一个平行线实际上在无限远处相遇的空间。他使用这个投影来研究包括圆锥体在内的几何图形。

马（Pierre de Fermat，1601—1665）的朋友，他们都是那个时代的顶尖数学家。他发展了一种几何方法来构建物体的透视图像，并在1636年写了一篇理论性很高的文章来解释构建的透视几何。雕刻家亚伯拉罕·博斯（Abraham Bosse）在1648年以一种更容易理解的形式重述了德萨格的文章，现在被称为德萨格定理。该定理是说，如果两个三角形位于三维空间中，可以从一个点上看到它们，那么三角形的对应边可以延长，使得它们相交，且交点都在一条线上。只要没有两条对应的边是平行的，就可以这样做。对定理的修正考虑到了这一点。德萨格论证的著作流行了大约50年，帕斯卡和莱布尼茨都读过他的著作，但后来在很大程度上被忽略了，直到1864年才被重新发现并再次出版。德萨格和帕斯卡都研究了通过不同的投影方法保存的图形和变形的图形的性质。例如，一个球形世界的平面地图不能同时准确地表示距离和形状。

墨卡托举着他的地球仪

让-维克多·彭赛列（Jean-Victor Poncelet，1788—1867）在19世纪初重新发现了射影几何学原理。在拿破仑发动入侵俄国战争后，人们以为彭赛列已

从视点V来看，三角形是透视的。如果三角形的对应边一直延伸至它们相交（例如BC和$B'C'$等），则交点P_1、P_2、P_3位于同一条直线上

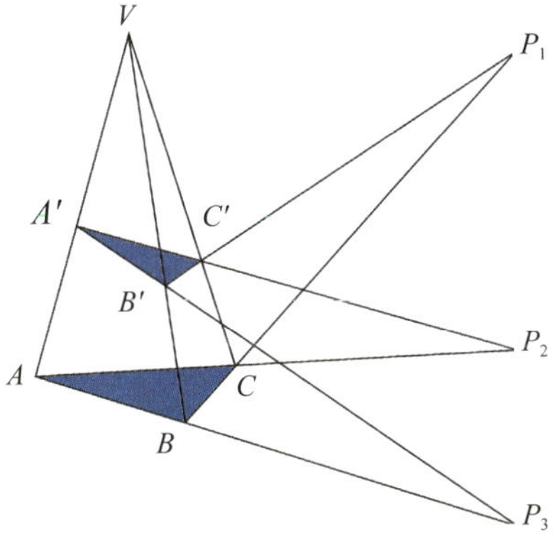

除了从事射影几何方面的工作外，彭赛列还被视为历史上最有影响力的工程师，证明了功-动能定理

于1812年死在俄国的克拉斯诺伊。他随后被捕入狱，关押在萨拉托夫，并在监狱中研究透视和圆锥曲线问题。对于在平行边的情况下德萨格定理的修正，他的解决方案是改变欧几里得空间的性质。彭赛列假定无穷远处的点，每条线在无穷远处具有一个点，而平行线在无穷远处具有一个公共点。这成为新的射影几何的基础。彭赛列忽略了距离和角度的几何测量，以便找到图形的其他特性，这些特性在投影时不会改变。这些特性涉及共线的点——落在原始线上的点也落在投影中的线上——以及距离之间的某些特殊比率。射影几何可用于进一步处理圆锥曲线（因为所有的圆锥曲线都可以看作是圆的投影）。

其他几何

欧几里得几何学为我们提供了处理平面几何所需的工具，但完美的平面仅存在于较小或理想的环境中。我们生活在一个球形地球上，在一个至少具有三个物理维度的宇宙中。在一张平坦的纸上展示地球或我们看到的天空的弯曲表面时，我们必定会使其变形。其中一些问题是通过射影几何来解决的。但是，随着我们离球体完美、规则的曲率越来越远，出现了更

> 数学已经证明，土地和水的表面整体上是一个球体……并且任何一个穿过中心的平面，在它的平面上，即地球和天空的表面上，都会形成一个大圆。
>
> ——托勒密，《地理学》，约150

多与曲面有关的几何问题。尽管古人意识到将欧几里得的几何学应用于曲面的困难，但直到19世纪，数学家才发展出新模型来解决这些问题。

使用球面几何，我们能够以一定程度的精度测量行星和卫星的距离

球面几何

第一个发展起来的非欧几何——球面几何——解决了球体表面的测量问题。球面几何是球体表面的几何学。球面几何的一种异常现象是显而易见的。球面几何中的一条线是两点之间的最短路径，就像在平面几何中一样，但是看起来却大不相同。如果直线在球体表面上的绘制持续了足够长的时间，它会遇到其自己的起点，成为以其圆心为球体中心的圆。这称为测地线或大圆——直线变成了圆！然后，就可以对平面几何的所有其他方面进行相应的调整，例如，在大圆之间定义角度。

球体表面上的线不是由其长度定义的，而是由从球体中心看时其端点出现的角度来定义的。该角度称为圆弧角。通常以弧度为单位。圆弧角乘以球体的半径即为曲面上线的长度。

弧度和角度

一弧度=180/π度；圆周上有2π弧度，或者在直线上有π弧度。弧度由英国数学家罗杰·科茨（Roger Coates）于1713年首次用作角度测量。他认识到弧度是比度更自然的度量单位，尽管他没有使用弧度的名称。该术语首次出现在1873年贝尔法斯特皇后学院的试卷中。

平面几何和球面几何之间的某些差异很快变得显而易见。在球体的表面上，我们可以仅使用两条线（或大圆）来定义一个封闭的形状——想象一块橙子的形状。显然，我们不能仅通过平面中的两条直线来塑造形状。球面三角形具有其他特殊属性。角度总和超过180°；大于180°的角度取决于

橙子切块的外表面是仅由两条直线界定的形状

三角形的大小，称为球面盈余（E）。可以用它来计算三角形的面积（S）：

$$S = E \times r^2$$

其中r是球体的半径，E是弧度。这被称为吉拉德定理，得名于法国数学家阿尔伯特·吉拉德（Albert Girard，1595—1632）。

早期的天文学家和测量师在观察天空和地球时都在研究球体。他们很早就意识到将欧氏几何应用于球体时遇到的困难。但是，花了很多世纪的时间才接受可供替代的几何规则。

椭圆几何和双曲几何

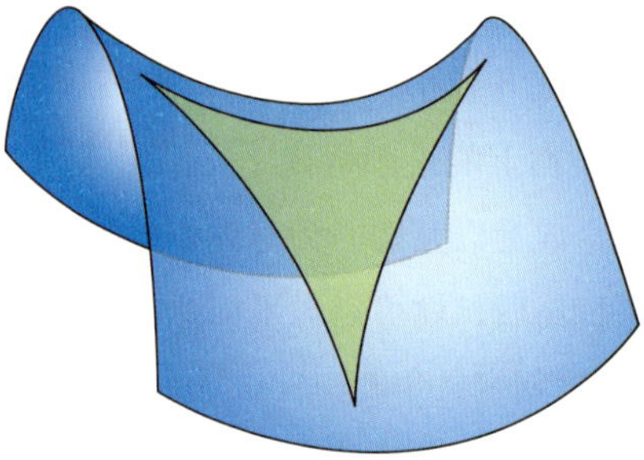

在鞍座的双曲表面上绘制的三角形表明，双曲几何中三角形内角和小于180°

曲面会产生两种非欧几何。正如我们在球面几何中看到的那样，在曲面上绘制线的行为与在平面上绘制线的行为不同。最重要的是，欧几里得的第五公设不成立。在欧几里得的平面几何中，两条垂直于给定直线L的直线是平行的。对于曲面，这是不正确的。在椭圆面上，没有这样的线——垂直于第三条线绘制的两条线最终将相交。一个完美的椭圆面是一个球体，而球面几何是一种特殊的、最简单的椭圆几何模型。

> 锐角的假设绝对是错误的，因为它反对直线的本质。
>
> ——萨切里（Saccheri）

在双曲面上，垂直于L的两条线将发散。如果曲率恰当，则双曲面将是球的内部，否则它将是个大碗。显然，双曲面的反面是椭圆面——球体的外部是椭圆的，球体的内部是双曲的。

三个简单的图，表示三种类型的几何图形中具有共同垂直线的行为

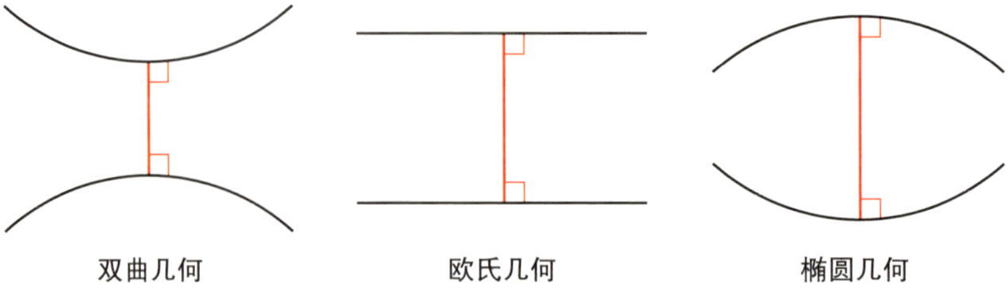

摒弃其他几何

曲线在曲面上的行为违反了欧几里得的几何学规则，这困扰着数学家。许多世纪以来，他们试图否定所有的非欧几何。意大利数学家乔凡尼·吉罗拉莫·萨切里（Giovanni Girolamo Saccheri，1667—1733）试图证明它们不存在，但最终相反，证明了替代几何的可能性，并推导了一些双曲几何的原理。尽管他可能独立提出论据，但他的工作显然借鉴了伊朗数学家奥马·海亚姆的著作。

萨切里将海亚姆提出的平行四边形作为起点。平行四边形由一对平行线形成，它们之间画有一条边，垂直于两条线。（在正常的平面几何形状中，这看起来像一个规则的矩形。）然后，他考虑了三种可能性：内角为90°、小于90°（锐角）或大于90°（钝角）。虽然看起来很明显它们是90°，但他的目的是证明它们不可能是其他任何情况，因此支持第五公设。事实证明，这些替代假设并不像萨切里所希望的那样荒谬。他摒弃其他两种可能性的理由不够严谨。尽管他摒弃了这两种可能性，但他没有成功地证明锐角的情况不可能发生。后来发现，锐角的情况给出了一个等效于双曲几何的系统，钝角的情况给出了椭圆几何系统。萨切里的作品在他在世的时候影响不大，直到欧金尼奥·贝尔特拉米（Eugenio Beltrami）在19世纪中叶重新发现它之后，它的重要性才得到认可。

波尔约（Bolyai）和他的父亲法卡斯（Farkas）的雕像。法卡斯也是一位著名的数学家，他从小就对儿子进行教导

黎明来临

1830年左右，匈牙利人亚诺什·波尔约（Hungarian János Bolyai，1802—1860）和俄国人尼古拉·伊万

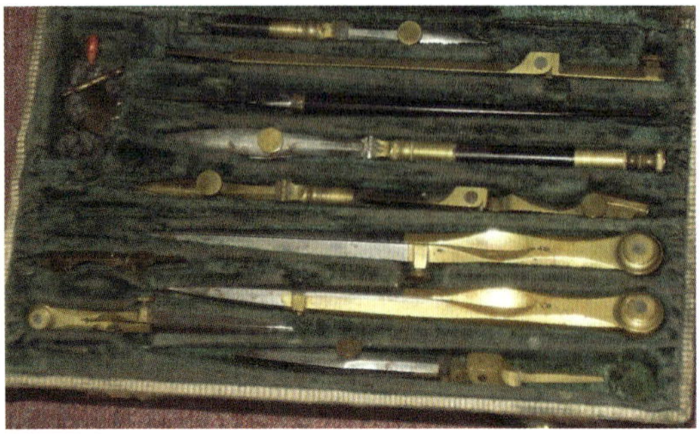

亚诺什·波尔约的圆规在罗马尼亚的毛罗什瓦萨尔海伊小镇的波尔约博物馆中

诺维奇·罗巴切夫斯基（Nikolai Ivanovich Lobachevski，1792—1856）的独立工作重现了双曲几何。波尔约的著作是用德语出版的，而罗巴切夫斯基则是用的俄语，直到罗巴切夫斯基也用德语出版时，他的著作才受到广泛关注。德国伟大的数学家卡尔·弗里德里希·高斯向波尔约宣称，他已经发现了波尔约在1832年出版时所揭示的大部分内容，但并未亲

卡尔·弗里德里希·高斯

卡尔·弗里德里希·高斯（1777—1855）是一名神童，出生于德国，他的父母贫困且未受过教育。他具有惊人的心算能力，并声称能够比在对数表上查询对数更快地计算对数。

高斯在数学及其天文学、统计学、地球科学和测量学的应用中取得了巨大的成就。他在许多领域提出了一些重要的定理和证明，他在曲率方面的工作为爱因斯坦的相对论的提出奠定了基础。他与物理学教授威廉·韦伯一起研究了地球的磁场，并开发了直到20世纪下半叶仍然使用的方法。两人还于1833年制造了第一台电磁式电报机。高斯声称在波尔约施加压力之前就已经解决了双曲几何问题，因为波尔约认为高斯正试图窃取他的想法。实际上，高斯的私人日记揭示他的好些观点超出其他人正式公布前很多年甚至几十年，他只是什么都没做而已。

卡尔·费迪南德·哈茨（Carl Ferdinand Hartzer）于1899年在哥廷根建造的高斯和韦伯纪念碑

自发表。这可能是正确的，罗巴切夫斯基和波尔约都与高斯有联系，这可能使他们对他的教学和书信中所包含的思想有深刻的了解。基于这个事实，高斯可能是第一个持续研究非欧几何的人。直到1855年高斯去世后，高斯的想法才得以发表，罗巴切夫斯基和波尔约的工作才受到重视。

尼古拉·伊万诺维奇·罗巴切夫斯基的肖像。他一生的大部分时间都在喀山大学担任教授

高斯建议将双曲和椭圆曲面视为“空间”，因为尽管它们存在于三维中，但实际上只有二维，并且只需两个变量即可在其上指定一个点。他证明曲面可以完全参照在其上测量的距离和角度来描述，而无需提供其在三维空间中的位置信息。

黎曼和不规则曲线

尽管波尔约和罗巴切夫斯基证明了使用双曲面的一组替代方法是可行的，但对于处理曲面几何，这种方法还不能等效于欧几里得的平面、直线和点的模型。这样的模型由意大利的欧金尼奥·贝尔特拉米（Eugenio Beltrami，1835—1899）在1868年提出。重要的是，他证明了如果欧几里得几何是相容的，则双曲几何也是相容的。贝尔特拉米开发了空间模型，现在将其称为伪球、庞加莱圆盘、克莱茵模型和庞加莱半平面。

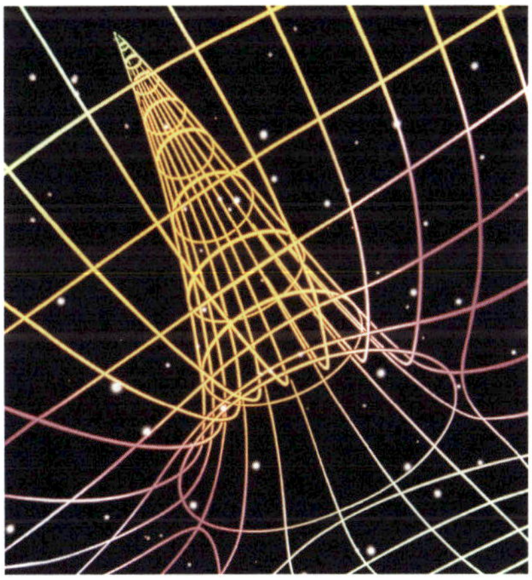

显示黑洞产生的空间曲率的计算机图形，时空曲率是由爱因斯坦的相对论建立的

> 在你脱离实验物理学的土壤之前，我希望奠定关于时空的观点，而这正是它们的力量所在，它们是激进的。从今以后，空间本身和时间本身注定会逐渐消失为单纯的阴影，只有两者的一种结合才能保留独立的现实。
>
> ——赫尔曼·闵可夫斯基（Hermann Minkowski），1908

在庞加莱圆盘上，边缘的距离大于中心附近的距离，尽管随着圆盘远离观看者而弯曲，这种情况并不明显。在埃舍尔的版画“圆极限Ⅲ”中，整个表面上的图形大小都是相同的。墨卡托地图投影中，两极附近的国家面积扭曲的方式相似（例如，格陵兰岛看起来比实际的大），但是在庞加莱圆盘上，扭曲的方式是相反的，距离看起来比实际的更小。庞加莱圆盘的边缘上两点之间的最短距离是从圆盘边界以直角绘制的圆弧：

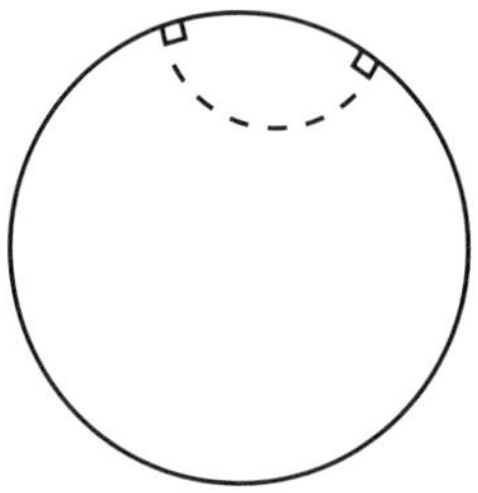

同样，双曲圆的中心不在中间：

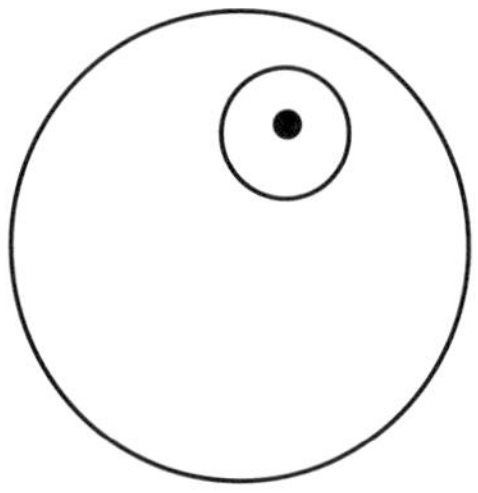

德国人波恩哈德·黎曼（Bernhard Riemann，1826—1866）扩展了双曲几何，以处理曲率不均匀的曲面。他建立了一个仅使用十个数字即可描述空间曲面上任意点曲率的系统。黎曼几何需要假设更高的维度（即超出三维常见的物理维数的维度）。他从n维空间的概念开始，并使用微积分为任意曲面提供了测地线。他的工作奠定了现代物理学——包括爱因斯坦的相对论的基础。

证明非欧几何的尝试导致对《几何原本》进行更严格的审查。德国数学家莫里茨·帕施（Moritz Pasch，1843—1930）认为，需要基于这些公理的概念、公理和逻辑推理，以支持新的几何学以及旧的数学。这促成了20世纪初由大卫·希尔伯特（David Hilbert）领导的一场运动，即将所有的数学公理化，并为即使是最明显的推论提供坚实的证明基础。

内外反了？

曲面构成了称为拓扑的数学分支的基础。在20世纪中叶（1925—1975），它成为数学发展中最重要的领域之一。尽管正如高斯和黎曼所表明的那样，它们存在于n维空间中，但是它们只有自己的二维空间。甚至可以将表面扭曲成看似三维物体的形状，从而产生内部或外部没有明显差异的奇怪异常之感。

莫比乌斯带。这样的形状产生的视觉欺骗——是二维的还是三维的？——构成了艺术家埃舍尔作品的基础

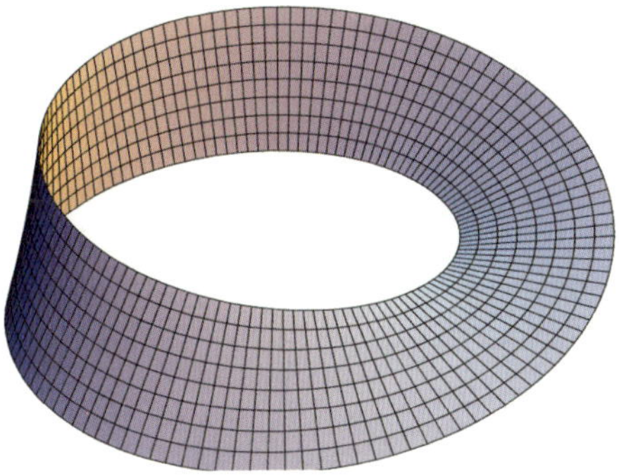

这个想法最简单的例子是莫比乌斯带，可以轻松地用纸条制成，将其扭曲一次，然后将两端粘合在一起。纸带只有一侧——你可以连续移动手指在原始纸带的整个表面上。

克莱茵瓶是这一原理的延

平面国

中篇小说《平面国：多维空间的科幻传奇》（*Flatland: A Romance of Many Dimensions*），由埃德温·艾勃特（Edwin Abbott Abbott）于1884年撰写并配以插图，以数学的故事讽刺了维多利亚时代英国的社会阶层。叙述者是一个正方形，占据了二维世界——平面国。他梦见自己去拜访一维世界“线原”，却无法说服一维世界的统治者，二维生命是可能存在的。正方形尝试说服球体可能存在着更高维度，然而球体无法被说服。在平面国暗示三维世界可能存在是一种犯罪行为。

在另一个梦境中，正方形被引入“线原”，他想要说服那里的统治者，存在着其他维度的世界，却仍然没有成功。

《平面国》的扉页插图，展示了正方形在他梦中参观的所有地方

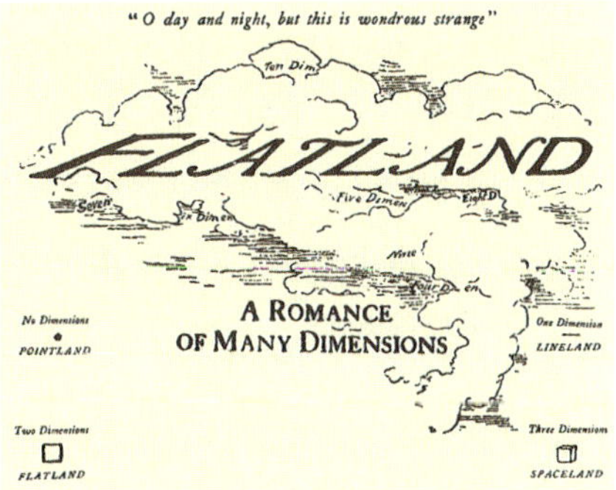

爱因斯坦、黎曼与时空连续性

跟随闵可夫斯基的脚步，爱因斯坦以时空理论为数学和几何学世界增添了第四个维度

阿尔伯特·爱因斯坦（Albert Einstein，1879—1955）提出的广义相对论使用黎曼几何和一个额外的维数的概念，从而形成了一个称为时空的四维空间。时空是赫尔曼·闵可夫斯基（Hermann Minkowski，1864—1909）首次提出的，紧随爱因斯坦的相对论于1905年发表。在广义相对论中，时空是弯曲的，越接近大质量物体其曲率越大。曲率是由物质的能量和动量的相互作用产生的，我们所知的引力现象就源于此。因此，爱因斯坦的理论用高维的非欧几何学取代了牛顿力学中所熟知的“引力”。这种曲率和相对论原理在1919年的一次日食观测中得到了证明。爱因斯坦预测，光线将因附近恒星或行星的引力产生的空间曲率而扭曲。

在日食的时候，由于这种畸变，恒星似乎在错误的位置。亚瑟·爱丁顿（Arthur Eddington，1882—1944）爵士在几内亚湾普林西比岛进行的测量，证明确实如此。

冷知识

“克莱茵瓶”这个名称是对德语Kleinsche Fläche（“Klein surface”）的误译，被误写为Kleinsche Flasche（“Klein bottle”）。这个名字已经被保留了下来（甚至在德语中也是如此），一些吹气球的人制造了字面的“克莱茵瓶”，但是它们必须有一个交叉点。在伦敦的科学博物馆中有这些展览。

伸，需要更大的尺寸。尽管必须绘制出与瓶子自己的表面相交的瓶子，但由于它是数学模型，因此它在四个维度上都是弯曲的，并且没有任何的相交。内部无缝地变为外部。切开一个克莱茵瓶可以得到两个莫比乌斯带。

荷兰艺术家埃舍尔（M. C. Escher，1898—1972）绘制了几个场景，其中包含了不可能的曲面和结构的想法。彭罗斯三角形最早由瑞典艺术家奥斯卡・路透斯沃德（Oscar Reutersvärd）于1934年绘制，在20世纪50年代受到数学家罗杰・彭罗斯（Roger Penrose）的欢迎。他称其为“最纯粹形式的不可能”。

继续前进

事实证明，“不可能”存在的几何体毕竟不是那么不可能，而且我们无法可视化某物并不意味着它不存在。与将三维空间映射到平面一样，所需要的只是一种连贯且缜密的方法。这些表示的方式，尤其对于三维以上的空间，是通过坐标系来实现的。这可以使用代数在数学上进行探索和处理。代数和几何并行发展，直到17世纪两者才有相当多的交叉。然后，两个法国人在那个世纪的杰出工作将他们结合起来，这为黎曼几何和其他非欧几何的创立提供了所需的工具。

一位名叫克莱茵的数学家
认为莫比乌斯带很神圣。
他说：“如果将两个边缘
粘合在一起，
就会像我一样得到一个奇怪的瓶子。”

匿名打油诗

西澳大利亚州东珀斯的不可能存在的三角形。实际上，该结构在顶部是不相连的，并且是从旨在观察该结构的两个位置之一拍摄的

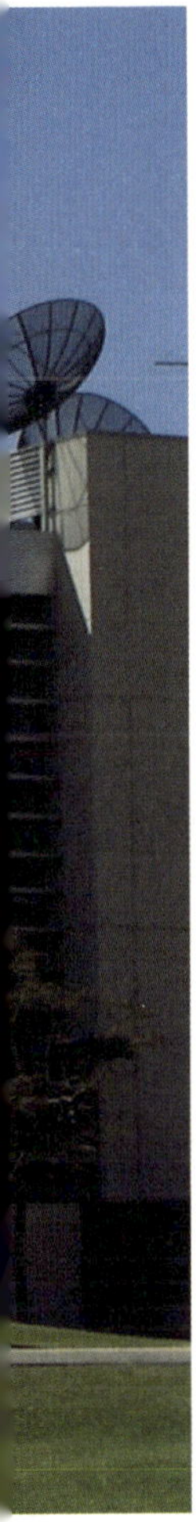

彭罗斯三角形

第 5 章

神奇的公式

代数以解方程的形式为大多数人所熟知。这些方程不是作为学校习题的方程，就是在经济学、科学或者其他学科中用于建模问题的方程。

用符号表示未知量——代数的基础——的方法发展缓慢。虽然古埃及和苏美尔的数学家们处理的问题中涉及未知量，但是他们并没有像我们现在这样以方程的形式来表示。事实上，直到16世纪晚期，我们所熟悉的方程才出现。如今存在的许多包含画图在内的解方程的方法，都归功于勒内·笛卡尔的非凡成就；他在直角坐标系中把几何和代数结合在一起，使方程以图形的形式绘制出来。

从这个角度看，巴别塔违背了上帝和几何学的规则

早于2000年前，在东方就采用了后来以卡尔·弗里德里希·高斯命名的联立方程的求解方法

古代世界的代数

将简单代数从几何中脱离出来是不可能的，因为首次出现的代数问题与二维、三维的几何问题有关。早期代数中具体的、实际的问题既没有被系统化地表示出来，也没有以我们现在承认为代数的形式来表示——但这些问题被后人公式化地表示出来，因此它们被认为是代数的起源。

田野和地窖

存放于大英博物馆的巴比伦泥板中包含着很多问题，现在可将其表示为二次方程或三次方程。它们与建筑项目相关，并包含对面积和体积的研究。这之中涉及按照不同比例划分面积的问题，在研究过程中一步步推导出二次方程。

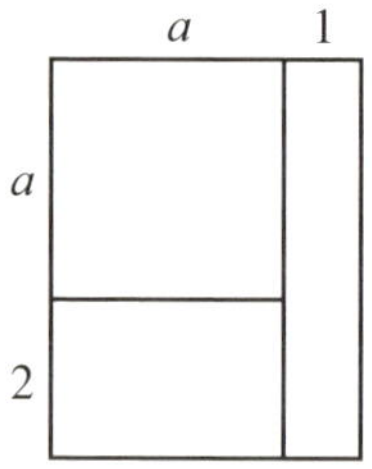

上图中最大（封闭）矩形的面积为（$a+2$）（$a+1$）$=a^2+3a+2$

类似地，三次方程可以从与挖掘地窖有关的巴比伦问题中得出。已知最早尝试解三次方程的行为是在近4000年前的一块关于构造的36个问题的泥板上。

巴比伦人、古埃及人以及数个世纪以后的数学家，都用文字描述了这些问题。例如“房间的长度等于宽度加1腕尺（古代的一种长度测量单位）；房间的高度等于长度减去1腕尺”。

尽管巴比伦人可能具有曾用来解决类似问题的通用方法或算法，但是他们没有采用任何形式的符号来进行描述或处理。古埃及人也解决了那些在当今以线性或二次方程表示的实际问题，但同样没有求助于任何正式的符号，也并没有将它们看作等式。

中国古书《九章算术》（公元前2—前1世纪）中有一章内容涉及求解具有两到七个未知数的联立线性方程组。通过使用计数板，求解了可能包含负系数的方程组。已知最早有关负数的使用出现在描述负系数方程中。2000年之后，卡尔·弗里德里希·高斯使用了该方法，如今它在西方被称为高斯消元法。

从几何走向代数

公元3世纪中叶，古希腊亚历山大港的数学家丢番图（Diophantus）发展了解决问题的新方法，使得这些问题现如今可以用一次方程和二次方程表示。他的作品《算术》（*Arithmetica*）（其中只有一部分保存下来）包含许多代数方程及其求解方法。丢番图将他的方法应用于当时的问题，但并未将其扩展出更具一般性的解法。像早期的古希腊人一样，他否定了任何小于零的答案，但是当方程有多个解，即使是无穷个解时，他在得到第一个解之后就停止运算了（例如$x-y=3$的方程）。

他发展了一种表示方程的方法，虽然该方法相较于用文字描述方程更为简单，但仍无法与现代所使用的方法相提并论。古希腊人用字母表示数字，却缺少可被立即识别的符号来表示变量。我们可以使用x、y、a、b、m、n等来代表变量和常量，因为我们有单独的数字符号，因此诸如$2x$的表达式是明确的。丢番图在希腊字母上采用了一些变体，并使用符号来表示平方和立方。他的缩写体系处于一种过渡态，在纯粹的语言解释与当今所使用的纯粹的符号象征之间。这也给他提供了处理高于三次幂问题的

古印度的二次方程

作者为公元前8世纪左右的包德哈亚那（Baudhayana）的古印度一部《绳法经》（*Baudhayana*）中记载并求解了形如$ax^2=c$和$ax^2+bx=c$的二次方程。这些发生在建造祭坛的背景下，也因此涉及三维的实际问题。

方程的阶

多项式方程是包含一系列项的方程，每项都由一个可升为任意次幂的变量乘以一个常数（普通数字）组成。例如下面的等式：

$x^2+2x-8=0$

第一项由$x^2\times 1$组成，第二项由$x^1\times 2$组成，最后一项由常数-8［或$x^0\times(-8)$］组成。数学家根据最高幂的次数将多项式方程划分为一阶、二阶，等等。因此形如上面的二次方程称为二阶方程；包含立方项（x^3）的方程是三阶方程。

机会，这是以前从未见过或开发过的。丢番图的问题中包含“平方乘以平方”或“立方乘以立方”的记号，分别表示4和6的幂。

此外，丢番图没有等式的概念，即两个平衡表达式之间哪些是可以移除的部分、哪些可以执行相同的运算。丢番图也没有处理过一个以上的未知数。他一直在探索如何用第一个未知数表示第二个未知数。例如，在已知两个数字的和是20且平方和是208的问题中，丢番图不会像我们这样写$x+y=20$；$x^2+y^2=208$，而是将它们表示成（$x+10$）和（$x-10$），于是第二个等式变为$(x+10)^2+(x-10)^2=208$。

丢番图方程

丢番图方程中包含解在内的所有数字都是整数（可以是正数或负数）。它们分为三类：没有解的、有限个解的以及无穷多个解的。例如方程

$2x+2y=1$

没有解，因为不存在整数x和y满足等式（两个偶数之和总是偶数）。

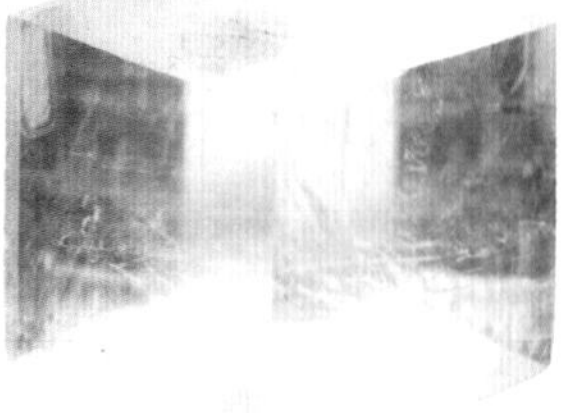

方程$x-y=7$具有无穷多个解，因为可以不断地选择越来越大的x和y值。

方程$4x=8$只有一个解：$x=2$。

丢番图方程对于处理不可分割的物体数量（例如人数）非常有用。例如，24位游客乘车旅行，有些汽车可载4人，有些汽车可载6人，并且每辆汽车必须满载。由于仅当人数与

车辆数都是整数时解决方案有效，我们可以写出一个丢番图方程：

$$4x+6y=24$$

（此外还有一个附加条件，即x和y的值都必须为正。）

以下类型的数学问题可使用丢番图方程：“一个男孩花了96美分在糖果上，买了4个巧克力鼠、2个棒棒糖和1块巧克力。问每一种糖果的花费是多少？”

具有

$$ax+by=c$$

形式的丢番图方程是线性方程（等式的图形将是一条直线）。

另一个丢番图方程

$$x^2+y^2=z^2$$

与毕达哥拉斯定理产生出毕达哥拉斯三元数组（例如，$3, 4, 5: 9+16=25$）。

尽管丢番图方程以丢番图命名，但他并不是第一个研究这些方程的人。印度《绳法经》中处理过几个丢番图方程。然而，不同于早期的印度数学家与巴比伦数学家，丢番图所研究的问题仅限于理论层面——他不关心建造祭坛、挖掘地窖或征收粮食，并且他所研究的数字与现实世界中的数量无关。他只关心使用整数的精确答案。也许正是因为这个原因，在丢番图的《算术》中几乎没有三次方程。虽然丢番图处理的问题看起来可能并不难，但他的方法是真正的创新，对后来的数学家产生了持久的影响。事实上，正是在试图归纳丢番图提出的一个问题——将一个平方分成两个平方时，费马（Fermat）得出了著名的费马大定理。

费马大定理

将一个立方数分成两个立方数之和，或一个四次幂分成两个四次幂之和，或者一般地将一个高于二次的幂分成两个同次幂之和，这是不可能的。关于此，我确信已发现了一种精妙的证明，可惜这里空白处太小，写不下。

超越立方

尽管丢番图对大于3的幂给出了一种表示形式，但并没有对它作任何使用。另外一位亚历山大港的数学家——帕普斯（Pappus）也提出了这个

马蒙的梦

据说阿拉伯帝国哈里发马蒙（al-Mamum，786—833）曾做过一个亚里士多德出现在他面前的梦。结果，哈里发命令翻译出所有可以找到的古希腊文献。阿拉伯帝国与拜占庭帝国之间的和平并不稳定，需要通过一系列条约谈判获取文本。通过哈里发马蒙以及他的智囊团，欧几里得的《几何原本》和托勒密的《天文学大成》的完整版本被翻译出来。

一幅15世纪的画所描绘的亚里士多德。马蒙因其在古希腊哲学和科学翻译方面的巨大努力而闻名

问题，但仍然没有着手解决。他第一次明确提出：线性或一阶代数问题涉及单线或一维；二阶问题涉及两个维度或面积，所以是平面的；三阶问题涉及三个维度或体积，所以是立体的。在研究由平面和立体图形中的直线定义的曲线的特性时，他提出了更高阶方程存在的可能性。然而，他驳回了这一观点，因为“没有任何东西包含三个以上的维度”。丢番图与代数、帕普斯与几何学的结合太过紧密，以至于他们都没有实现向代数几何学的概念飞跃，尽管他们都接近起点。正是在研究一个有关直线和轨迹的帕普斯几何问题时，才最终导致笛卡尔在17世纪发明了代数几何。

代数的诞生

印度-阿拉伯数字系统的发展和零的采用，使得一些接近现代代数的方法的应用成为可能。阿拉伯数学家在汇集古印度和古希腊最精妙的数学知识并将其扩展时，为真正的代数系统奠定了基础，甚至为我们给出“代数”一词。他们发现代数学比古希腊人所探索领域的内容更具吸引力，并且代数学在其社会中也得到了发展。例如，复杂得令人难以置信的继承法则使比例和分数的计算成为必要。除此之外，不断找寻真理的需要使代数学像几何学一样成为一个值得开发探索的工具。

奥马·海亚姆还负责波斯历法的改革。他的贾拉里历法是当今伊朗与阿富汗仍在使用的历法的基础

《代数学》

“代数”一词源自波斯数学家和智慧之家的成员——穆罕默德·本·穆萨·阿尔·花拉子密撰写的一部著作的标题——称为《代数学》，它提出了求解线性方程和二次方程的系统方法。现代单词“算法”也来自“花拉子密”这个名称。在他的书中，他给出了求解形如$zx^2=bx$，$ax^2=c$，$bx=c$，$ax^2+bx=c$，$ax^2+c=bx$，$bx+c=ax^2$方程的方法（以现代符号表示）。像丢番图一样，他只考虑了方程及其解中的整数；另有附加条件，要求数字必须是正的，而丢番图允许负数的出现。花拉子密用语言写下了所有问题和解，没有使用任何符号表示。具有讽刺意味的是，由于他的作品被认为将印度-阿拉伯数字引入欧洲，他甚至将数字全部列出。

在展示了如何求解方程之后，花拉子密继续使用欧几里得的成果提供了关于几何的演示。欧几里得的命题完全是几何的，而花拉子密则是第一个将它们应用于二次方程的人。他发展的方法——将方程系统化，然后应用几何方法求解——后来被阿拉伯数学家采用，并由奥马·海亚姆完善（见下文）。花拉子密之于代数，就像欧几里得的《几何原本》对于几何一样，直到现代他的方法仍是

该方程给出了$(a+b)^n$的二项展开式中的系数和变量

$$(a+b)^n=a^n+\frac{na^{n-1}b}{1}+\frac{n(n-1)a^{n-2}b^2}{1\times2}+\frac{n(n-1)(n-2)a^{n-3}b^3}{1\times2\times3}+\frac{n(n-1)(n-2)(n-3)a^{n-4}b^4}{1\times2\times3\times4}+\cdots+\frac{nab^{n-1}}{1}+b^n$$

奥马·海亚姆

奥马·海亚姆诗歌选集的四行诗集《鲁拜集》（*Rubayat*），19世纪英译本。许多波斯学者也是诗人

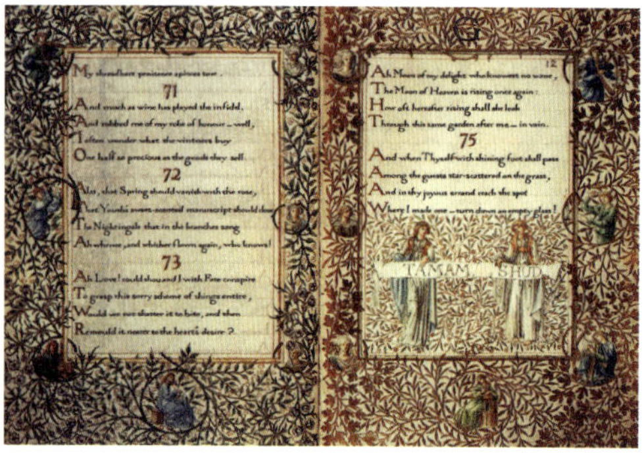

奥马·海亚姆（Omar Khayyam，1048—1131）是一位数学家、天文学家和诗人，出生于伊朗，其家族可能是一个帐篷手工制造者。他在一生的大部分时间里都靠朋友提供的丰厚补助金生活，而这位朋友后来成为塞尔柱帝国的大维齐尔（即宰相）。他的《代数问题的论证》（*Treatise on Demonstration of Problems of Algebra*，1070）阐明了代数基本原理，将阿拉伯代数的成就传播到欧洲就归功于此。他从事帕斯卡三角形的数字排列工作，有时被认为是代数几何的奠基人，代数几何运用几何来寻找代数方程的解。

最清晰、最佳的基本处理方法。

奥马·海亚姆遵循与花拉子密相似的程序，利用古希腊人在圆锥曲线上的几何工作来证明他对三次（三阶）方程的解。奥马·海亚姆提出了三次方程的一般解，印度数学家仅在特定情况下使用过。在13世纪的中国，朱世杰发展了三次方程的求解，他没有参考奥马·海亚姆的著作。

三角形，数字和方程

在帕斯卡三角形中，每个数字都是其上方两个数字的和。该图案形成二项式系数级数。在伊朗，它被称为海亚姆三角；在中国，它被称为杨辉三角。此前中国数学家杨辉（1238—1298）曾对此进行过研究。

> 认为代数是用来求未知量的技巧的人都是徒劳的。不应注意代数与几何在外观上的不同。代数是经过证明的几何事实。
>
> ——奥马·海亚姆

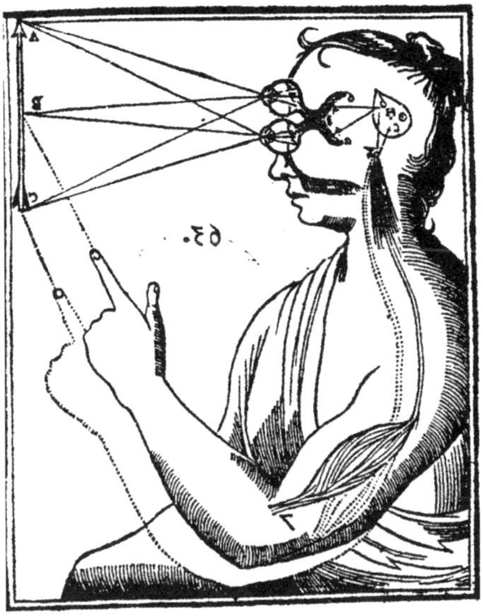

$$
\begin{array}{ccccccccc}
&&&&1&&&&\\
&&&1&&1&&&\\
&&1&&2&&1&&\\
&1&&3&&3&&1&\\
1&&4&&6&&4&&1
\end{array}
$$

在奥马·海亚姆研究帕斯卡三角之前，宾伽罗（Pingala，约公元前3世纪—前2世纪）就曾在印度对其进行过研究。遗憾的是，在随后的帕斯卡三角注释中他的作品只有一部分得以幸存。另一位阿拉伯数学家阿布·培克尔·伊本·穆罕默德·伊本·阿尔·侯赛因·阿尔·卡拉吉（Abu Bakr ibn Muhammad ibn al Husayn al-Karaji，约953—1029）也对此进行了研究，并被认为是第一个推导二项式定理的人（见上文）。

笛卡尔的作品《世界》（*The World*）中的插图，他关于光、感官、生物学和许多其他主题的理论被记载于该书中

印度数学家巴特帕拉（Bhattotpala，活跃于约1068年）写出了上述三角形的前16行。

帕斯卡三角提供了一种快速展开表达式的方法，例如（$x+y$）^{3}。因为所需要的只是从［在（$x+y$）^{3}这种情况下］第3行中取系数（因为它是一个三阶方程），从而得出结果$1x^3+3x^2y+3xy^2+1y^3$。

笛卡尔《哲学原理》（*Principles of Philosophy*）中的插图展示了物体的运动

脱离几何的限制

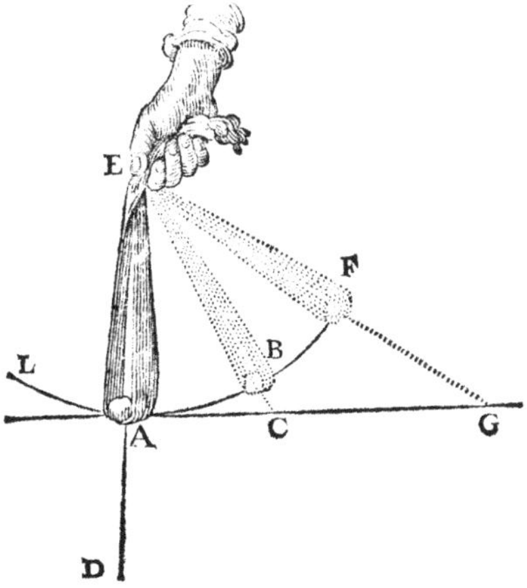

尽管几何学提供了证明代数解的好方法，但正是因为代数摆脱了现实世界中几何的限制，才使得提出涉及数字而非度量或数量的抽象方程的概念成为可能。阿拉伯数学家愿意将可以用单位度量的数字和不可度量的数字看作彼此并存的，并且在不同维度上将其数值混合，

但古希腊人两者都不愿意做。

若将印度–阿拉伯数字系统和零结合起来，那么代数就可以在实际几何中向前发展并且远离它在实际几何中的根源。当奥马·海亚姆和花拉子密求助于几何来证明其代数结果时，他们并没有想象关于长度、面积和体积的代数问题，却使用理论性的应用几何学作为表示代数问题的工具。

两者之间的这种关系，在接下来的500年中发展，最终形成笛卡尔和费马的解析几何。

书写方程

奥马·海亚姆于1131年去世，在那个时候阿拉伯数学已经开始衰落。阿拉伯世界的学者在该领域的进一步贡献寥寥无几。幸运的是，在政治和宗教团体分裂阿拉伯文化世界的同时，欧洲的知识分子精神也在被重新唤醒。在12世纪，克雷莫纳的吉拉德（Gerard of Cremona）在托莱多工作时，用拉丁语翻译了87部古希腊语和阿拉伯语作品，其中包括托勒密的《天文学大成》、欧几里得的《几何原本》和花拉子密的《代数学》。在英格兰，切斯特的罗伯特（Robert of Chester）于1145年翻译了花拉子密的《代数学》，巴斯的阿德拉德（Adelard of Bath）在1142年翻译了欧几里得的《几何原本》。在花了几个世纪的时间来恢复和巩固早期的研究之后，欧洲数学家开始为代数的发展做出自己的贡献。德国是16世纪这些新发展的聚焦地。迈克尔·斯蒂菲尔（Michael Stifel，约1487—1567）的《整数的算术》（*Arithmetica integra*）也许是德国关于代数的新著作中最重要的了。他允许在二次方程中使用负系数，因此将各种二次方程简化为单一形式。他也用负数来表示倒数，给出

$2^{-1}=1/2^1=1/2$，$2^{-2}=1/2^2=1/4$

并无限进行下去。即使这样，他也不允许在方程中使用负根，并且说负数是荒诞的数字。他同样不信任无理数，说无理数是“隐藏在某种程度的无限中的云”。他建议用一个字母表示未知数，用重复的字母表示数的幂。因此，如果c是未知数，则cc为c^2，而ccc为c^3。

迈向方程式

如果没有我们现在使用的符号，代数将是烦琐且冗长的。然而，现代数学符号还是姗姗来迟。在意大利，符号$\tilde{p}$和$\tilde{m}$分别用于più（更多）和meno（更少）这两个词的缩写。但是拉丁语中充满了单词和词组的缩写，这样的表达并不是特别新颖。算术运算符——表示要执行的计算类型的符号——直至15世纪后期才被引入。

最初使用的符号是+和 -，尽管最初它们表示仓库数量有盈余和赤字。但它们很快就扮演了算术运算符的现代角色。它们最早是由约翰·维德曼（Johan Widmann，生于1460年）在一本书中印刷出来的，他是15世纪末和16世纪初发表《代数》的几位德国数学家之一。

罗伯特·雷科德

罗伯特·雷科德（Robert Recorde，1510—1558）出生于威尔士，并在牛津大学和剑桥大学教授数学。他接受过医学训练，是爱德华六世和玛丽一世的私人医师，还是皇家铸币局局长。

雷科德在英国重新建立了数学体系，当时英国已有200年未曾出过著名的数学家。他解释了所有东西，由于他想使数学尽可能地易于使用，所以都以细致的讲解和用英语书写的易于使用步骤进行。他的大部分作品都是以老师和学生之间对话的形式写的。1551年，他发表了节选版本的欧几里得《几何原本》，这是首次可用的英文版本。他首先使用等号，但等号的横线比现在更长。以上替代符号花了100年才被普遍接受。

1558年，雷科德因未能支付1000英镑的诽谤罪被监禁。同年他死在监狱里

符号	时间	来源
+（加） -（加）	1489	约翰·维德曼（Johan Widmann），德国，《商业中的巧妙速算法》（*Rechnung auf allen Kauffmanschaften*）
√（开方）	1525	克里斯托夫·鲁多尔夫（Christoff Rudolff），德国，《未知数》（*Die Coss*）
=（相等）	1557	罗伯特·雷科德（Robert Recorde），英国，《砺智石》（*The Whetstone of Witte*）
×（乘）	1618	威廉·奥特雷德（William Oughtred），英国，在爱德华·赖特（Edward Wright）翻译的约翰·纳皮尔（John Napier）的《奇妙的对数表的描述》（*Descriptio*）的附录中
a，b，c代表已知数（常量）；x，y，z代表未知数（变量）	1637	勒内·笛卡尔（René Descartes），法国，《谈谈正确引导理性在各门科学上寻找真理的方法》（*Discours de la méthoed pour bien conduire sa raison et chercher la vérité dans les sciences*）
÷（除）	1659	约翰·雷恩（Johann Rahn），德国，《代数》（*Teutsche Algebra*）

甚至在符号发展之后，许多数学家仍继续遵循修辞格式，将他们所构成和解决的问题写成论述文本，而很少或根本不求助于缩写。尽管西方数学直到17世纪才有了彻底和一致的符号代数，但西方伊斯兰世界却早在14世纪用于教学的评论中就使用了符号。

> 我建议，可以像我在工作中经常做的那样，用两条等长的平行双短线代替之，其形如==；因为这是比任何其他事物都更相等的东西。
>
> ——罗伯特·雷科德

现代数学的开始？

尽管斯蒂菲尔（Stifel）的《整数的算术》（*Aritbmetica integra*）很重要，但它在一年内就被取代了。1545年出现了一部在核心概念上具有革命性意义的著作，一些人将其视为现代数学的开端。

在《大术》（*Ars magna*，1545）中，吉罗拉莫·卡尔达诺（Gerolamo Cardano）解释了如何求解三次方程甚至四次方程。但是，这并不是个人天才的直接胜利。三次方程的解可能是由博洛尼亚大学的数学教授希皮奥

内·德尔·费罗（Scipione del Ferro，约1465—1526）发现的。他去世后，将求解方法传给了学生安东尼奥·玛利亚·菲奥尔（Antonio Maria Fior）。尼科洛·塔塔利亚（Niccolo Fartaglia，约1500—1557）独立发现了三次方程的求解方法，并将其透露给卡尔达诺，条件是他不能透露出去。当卡尔达诺发现解法并不是塔塔利亚的原创，他就发表了它。诚然，他确实从塔塔利亚得到了线索。他还承认四次方程的解法是由洛多维科·费拉里（Ludovico Ferrari，1522—1565）提出的。可以想象，塔塔利亚很不高兴，两个人因此斗争了十年。塔塔利亚希望保留对三次方程求解方法的披露权，以出版作为他职业生涯的最高成就。（塔塔利亚以前曾在不承认自己接受了他人帮助的情况下发表了其他人的研究成果，这可能会减少我们对他的同情。）与大多数前辈相比，卡尔达诺对负数根源的态度更为开放。虽然他考虑了负根存在的可能性，但认为它"微妙而无意义"。

在他的开创性著作《大术》中，吉罗拉莫·卡尔达诺似乎得益于其他数学家的工作和思想

自巴比伦人发现如何通过完全平方求解二次方程以来，卡尔达诺的书代表了代数方面的最大进步。尽管没有实际用途——实际上，贾姆希德·阿尔·卡西（Jamshid al-kashi，1380—1429）逐次逼近三次立方的解法比卡尔达诺的方法更有用——它激发了代数的进一步发展，并使该主题超出了物理世界的范围。如果可以求解四次方程，那为什么不解决五阶、六阶或者更高阶的方程呢？突然，代数问题不再需要与我们认识到的实际问题相关。出于对数学的研究，至少在理论上可以假定更多的维度。

卡尔达诺的同时代人认为高维十分荒谬，仅对梦幻般的数学探索领域感兴趣，直到几个世纪后才会出现高维的概念。由于打开了代数和代数几何向三维以上延拓的可能性，卡尔达诺为黎曼几何和爱因斯坦用以重塑宇宙的四维时空连续体奠定了基础。

吉罗拉莫·卡尔达诺

吉罗拉莫·卡尔达诺（Gerolamo Cardano，1501—1576）生于意大利的帕维亚（Pavia），是列奥纳多·达·芬奇（Leonardo da Vinci）的朋友法齐奥·卡尔达诺（Fazio Cardano）的私生子。他的母亲在怀他时试图流产，他的三个兄弟姐妹死于瘟疫。在克服千辛万难之后，他成功接受了医生培训，成为第一个描述伤寒的人。他于1543年在帕维亚和1562年在博洛尼亚担任医学教授。

卡尔达诺既是医生，也是当时最重要的数学家之一。他在《大术》一书中发表的关于三次和四次方程的求解为他赢得了历史地位。他还发表了第一部有关概率论的著作，比帕斯卡和费马早一百多年。

卡尔达诺的私生活丰富，这激发了他对概率的兴趣。他总是缺钱，并通过赌博和下棋来增加收入。他把对概率的处理应用于游戏，其中包括有关如何有效作弊的部分。

卡尔达诺的生活并不轻松。他最喜欢的儿子因毒害妻子于1560年被处决。1570年，卡尔达诺被指控异端，并因计算耶稣基督的星座而被监禁了几个月。最终他失去了在博洛尼亚的教授职位和出版书籍的权利。他在原先预言的那一天去世了，但他可能是通过自杀来帮助其实现他的预言。

卡尔达诺对耶稣基督的占星术使他陷入了极大的麻烦。天秤座中一颗上升的彗星可以看作是伯利恒之星的一种解释，而双子座中的蓖麻之星则预测了基督一生中的暴力

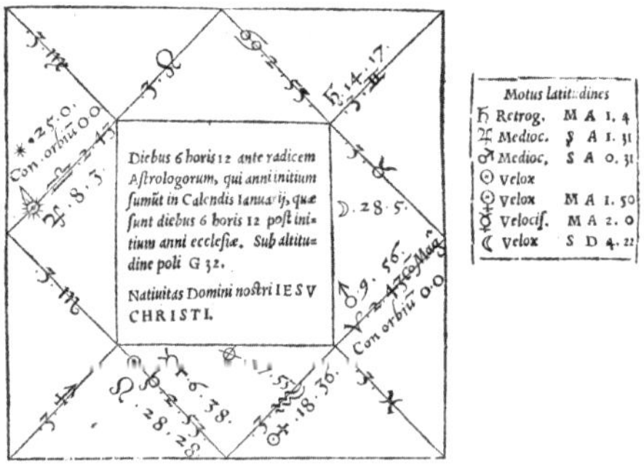

代数有了自己的用武之地

欧洲代数的黄金时代始于卡尔达诺的三次方程和四次方程解的提出，其中包括负数和复数的合理化、笛卡尔坐标系的发展、代数与几何在解析几何中的结合以及向积分学发展迈出的重要步骤。

在离开大家视野很久之后，英国数学家又重新崭露头角，但并没有取代意大利、德国和波兰的数学家。这之中有些人不用拉丁文而用自己的母语写作。

走向复数

三次方程和四次方程的卡尔达诺–塔塔利亚的解出现后不久，意大利数学家拉斐尔·邦贝利（Rafael Bombelli，1526—1572）成为第一个使用复数（复数是涉及–1平方根的数）进行计算的人。

他致力于研究立方根，开发了一些公式，这些公式使用虚数根作为推导最终实数解的过渡数字。他将其描述为“荒谬的想法”，实际上对他的计算没有帮助，但在将来会显示复数对于代数的重要性。

处理数字和符号

尽管取得了进步，但是16世纪的代数学家和三角学家仍然没有广泛使用小数部分表示法。当雷蒂库斯（Rheticus）创立他最雄心勃勃的三角表时，他使用了边长为10^{15}单位长度的三角形来获得他想要的精确度，而不必使用任何分数。（无论使用哪个单位长度都没有关系，因为他实际上没有构造三角形，只是联想到了它们。）

弗朗索瓦·韦达（François Viète）只是兼职数学家，但在各个领域都取得了成就——算术、三角学、几何学，以及最重要的，代数学。他在改变记号方面发挥了重要作用，使代数取得更大的进展成为可能，并提倡使用十进制数而非六十进制数。韦达最重要的贡献是为代数引入了一致的表示法。这使他得以开发出系统化的思维方式，创造并使用具有一般形式的方程。他采用元音表示未知量，用辅音表示已知量。他还展示了如何通过将每边乘以或除以相同的幅度来改变方程式的形式。例如，他展示了如何转

弗朗索瓦·韦达

弗朗索瓦·韦达（François Viète，1540—1603）是法国数学家和胡格诺特的支持者。经过法律培训，他成为不列塔尼议会议员，然后成为亨利三世和亨利四世国王委员会的成员。他擅长破译法国人截获的秘密信息。确实，他是如此成功，以至于西班牙人指责他与魔鬼同在，向教皇抱怨法国人使用黑魔法帮助他们赢得战争。

韦达在数学的数个领域中都取得了长足的进步，只是往往在业余时间工作。他很富有，自费印刷出版了许多论文。在16世纪80年代下半叶的近6年时间里，他不再对法庭感兴趣，几乎只专注于数学。在12世纪，图西已经发现了与韦达的方法相同的近似方程式根的方法。

换方程式

$$x^3+ax^2=b^2x$$

到$x^2+ax=b^2$

韦达仍然无法认同负数或零项，因此他不能把可能的方程的数目按每一种顺序减少到单一的形式。（我们将$ax^2+bx+c=0$作为标准形式，由于可以让a、b或c为负或零，因此它可以表示任何二次方程。它涵盖了诸如$x^2-7=0$这种形式的可能性，此时b为0，c为负。）

对于代数进展来说，良好的、一致的符号的重要性怎么强调都不为过。然而，这并不是韦达的唯一成就。他得出了多角度的公式，是第一个使用切线定律的人（尽管他没有发表），也是第一个发现三角法可用于求解无法简化的三次方程的人。他还提出了π的第一个精确的数值表达式：

$$\frac{2}{\pi}=\sqrt{\frac{1}{2}}\times\sqrt{\frac{1}{2}+\frac{1}{2}\sqrt{\frac{1}{2}}}\times\sqrt{\frac{1}{2}+\frac{1}{2}\sqrt{\frac{1}{2}+\frac{1}{2}\sqrt{\frac{1}{2}}}}\cdots$$

尽管该方法不是新方法，但它首次以解析表达式表示无穷级数。代数和三角学正越来越多地涉及无穷——无穷大和无穷小。

随着一大批才华横溢的数学家投身于发展代数的新方向，进步在不断加快。法国数学家阿尔伯特·吉拉德（Albert Girard）认识到方程的根的

> 有足够的具有合理性的事情要做，而不必忙于不确定的事情。
>
> ——西蒙·斯蒂文（Simon Stevin），1585

个数取决于方程的阶，所以一个二阶方程有两个根、一个三阶方程有三个根，等等。这个突破是因为他的思想足够开放，允许负数和虚数在根中出现。英国人托马斯·哈里奥特（Thomas Harriot，1560—1621）引入了大于和小于的符号>和<。他也是第一位踏上美洲土地的数学家，在1585年被沃尔特·雷利爵士（Sir Walter Raleigh）派去做土地测量员。在促进采用小数分数方面比韦达更有影响力的是佛兰德数学家西蒙·斯蒂文（1548—1620）。他还敦促采用十进制的度量衡，尽管这一目标200年之后才得以实现。斯蒂文采用了一种类似于现在使用的幂的表示法，在上方的圆圈中使用一个数字来表示幂——因此5②表示5^2。他甚至使用分数幂表示根，因此$5^{1/2}$表示$\sqrt{5}$。但斯蒂文主要是一位注重实际应用的数学家，他不考虑复数。

现在最优秀的数学家在研究代数时所抱有的信心，以及它从现实世界的三维几何问题的根源走出来的距离，在比利时数学家阿德里安·范·罗门（Adriaen van Roomen，1561—1615）于1593年设定的解45阶方程的公开挑战中清晰可见：

$$x^{45}-45x^{43}+945x^{41}-\cdots-3795x^3+45x=K$$

不需要45维的概念。当亨利四世（Henri IV）波旁王朝的一位代表说法国人没有能力做到这一点时，韦达迎接挑战并解决了问题。

1579年版本的邦贝利《代数学》的扉页。预期五卷的前三卷于1572年出版。在最后两卷出版前，邦贝利于1572年去世

代数几何方法

韦达的解决方案与正弦有关，他使用多角度公式来推导

它。他为表示代数方程提供了一个一致的符号系统，也让人们能够选择用几何方法还是代数方法来解决问题。通过将三角学应用到代数上，他扩大了该学科的范围，并促进了它与几何学的结合。韦达实际上是最早将数学视为一个整体而不是将不同的分支分开考虑的人之一。

1572年，邦贝利的《代数学》提出了许多几何问题，他用代数方法解决了这些问题。例如，他给出了三次方程的代数解，然后展示了其解的几何证明。（但是，他的论文的这一部分并未包含在印刷版中，直到1929年才出现。）75年后，笛卡尔面对几何问题时，将它们转换为代数形式以尽可能地简化，然后回到几何以获得最终的解。在这种解析几何学中，当他证明圆锥曲线可以表示二次方程时，他完成了由阿波罗尼奥斯开始的旅程。

17世纪的伟人

从17世纪上半叶开始，数学家之间的交流比柏拉图学园以来的任何时候都要多。在许多国家，数学学会与随后出现的其他学术团体一起成长。在英国，数学学会的名称很诱人，称为“无形学院”。在法国，神父马林·梅森（Marin Mersenne）进一步促进了交流，他与数百名数学家、科学家和其他博学的人通信，充当知识的传递者和人际关系网的大师。这意味着数学家独自私下工作的情况有所减少，而个人的工作成果即使后来丢失了，对其他人也没有影响。虽然梅森的所作所为增加了数学家群体中的分歧，但至少没有人对其他人在做的事感到怀疑。通过不断的积累，现代数学的基础得以奠定。两名法国人在这一过程中发挥了领导作用。

马林·梅森，他视传播科学知识为基督教义务

这个时代的两位伟人都不是专业的数学家。勒内·笛卡尔（见第143页）出身于法国贵族家庭，作为哲学家比作为数学家更出名。他在自己的哲学论著《方法论》（*Discourse on Method*）的附录中提供了对解析几何体系的阐述，以此示范如何运用推理论证得到结果。

代数与几何的结合

笛卡尔发现几何学和代数学都不是完全令人满意的，因此着手兼顾两者。通过将他的方程式中的量视为线段，笛卡尔避免了在处理高阶方程以

勒内·笛卡尔

勒内·笛卡尔（René Descartes，1596—1650）出生于法国的图赖讷。母亲在他一岁时就去世了。他的父亲再婚并搬走了，将襁褓中的笛卡尔留给了亲戚照顾。笛卡尔接受过法律训练，并于1616年获得学位，然后开始了旅行。正是于1619年在波西米亚旅行期间，他开创了解析几何。

笛卡尔展现了玫瑰十字会神秘社团的一些观点和做法。像他们狂热的追随者一样，他四处游走，总是独自生活，免费行医，但他拒绝了他们的神秘信仰。他提倡宗教宽容，并在科学和哲学著作中倡导理性的运用。

笛卡尔之所以被称为现代哲学之父，是因为他在《方法论》中主张必须通过推理来获取知识。他坚持认为，感官知觉并不是通往我们周围世界的可靠指南，也不能依靠它产生真实的信息。他著名的格言“我思故我在”是他对少数可以依赖的事物——思想的存在，上帝和物质世界的存在的论证的一部分。他的另一项研究重点是身心之间的二分法。他对自由意志的信仰至为重要。他采用了反加尔文主义的观点，即可以通过自由意志的运作来获得救赎，而不仅仅是依靠上帝的恩典。

这是一幅瑞典女王克里斯蒂娜的版画，是她不合理地要求这位伟大哲学家给予其指导，间接导致了笛卡尔的死亡

及等号两侧阶数不相同的方程时任何概念上的困难。例如，希腊人不允许使用形如$x^2+bx=a$的方程，因为左侧的部分被视为面积，右侧的部分被视为线段长度，而面积和线段长度不能视为相等。

笛卡尔改进了韦达的记号，使用字母表开头附近的字母（a,b,c）表示已知数，使用字母表结尾附近的字母（x,y,z）表示未知数。他用上标的数来表示乘方，用我们现在仍然使用的符号来表示算术运算符。唯一不同的是等式的符号，因为他没有采用罗伯特·雷科德的两条平行线式的写法。

笛卡尔提出，可以通过参考两个相交的轴（用作测量参考线）来识别平面中点的位置，因此发展出现在被称为笛卡尔系统的坐标系。尽管对他的代数表示法非常熟悉，但笛卡尔的方程式图形表示并不完全类似于我们如今所使用的，因为他从未在图形中使用x的负值。艾萨克·牛顿稍后介绍了一种熟悉的图形形式，该图形被与（0,0）相交的轴划分为多个象限。另

皮埃尔·德·费马

费马（Pierre de Fermat，1601—1665）出生于巴斯克地区，先是学习法律，后来学习数学。他独立于笛卡尔，发展了使用坐标系定义点的位置的原理。

费马对曲线进行了广泛的研究，开创了一种测量曲线下方面积的方法，该方法与积分演算以及常见抛物线的广义定义相似。他在数字理论方面也进行了广泛的研究，并与布莱士·帕斯卡在该主题上取得了联系；这是他与其他数学家的唯一联系。他是一个隐秘的隐士，通常只与马林·梅森交流（请参阅第142页）。

费马是当时最高产的数学家，但他却不愿发表论文，因此一生中他的成就没有带给他多少声望和荣誉。

皮埃尔·德·费马的雕像，出自路易·弗格尔（Louis Figuier）于1870年出版的《伟大科学家的生平》（*Lives of the Great Scientist*）。

外，他的轴并不总是彼此成直角。笛卡儿认为，x和y中的任何多项表达式都可以表示为曲线，并可以使用解析几何进行研究。

笛卡尔在制订解析几何的同时，另一名法国人皮埃尔·德·费马也在做同样的事情。两者均独立得出类似的结果。费马强调，x和y之间的任何关系都定义了一条曲线。他以代数形式重铸了阿波罗尼奥斯的作品，旨在恢复阿波罗尼奥斯一些丢失的工作。笛卡尔和费马都建议使用第三轴来建模三维曲线，但是直到17世纪后期才提出该要求。

笛卡尔和费马都没有试图广泛宣传他们的工作。笛卡儿确实用法语出版了他的著作以使更多的人能够理解它，但是他并没有详细解释，而且多部作品对许多读者来说都是难以理解的。我们并不完全清楚笛卡尔是想把那些他认为不够严谨的人排除在外，还是想通过一些智力上的跳跃和跨越来给读者带来发现的乐趣，但无论如何，这对他思想的传播都没有什么帮助。不久，他的书中增加了一篇匿名导言，以帮助解释它。1649年，弗兰斯·范·斯库特（Frans van Schooten）出版了带有解释性注释的拉丁文版本。

费马在推广他的作品方面比笛卡尔略逊一筹，费马是一个真正的隐士，拒绝出版作品。在他一生中几乎完全是通过马林·梅森这位中间人来传播他的思想。实际上，费马仅发表了他的一项发现，即对半立方抛物线相当模糊的矫正法（一种发现曲线长度的方法）。

费马大定理

费马因其所谓的“最后”或“伟大”定理而闻名。他在他的那本丢番图《算术》的页边指出，该方程没有解：

$x^n+y^n=z^n$，其中n大于等于2

他补充说：“我发现了一个真正绝妙的证明，然而，页面空白处太小了，写不下。”——因此证明丢失了，随后的研究耗费了数学家们300多年的时间。因为这个问题很容易理解，所以很多人试图解决这个问题，直到1995

> 云不是球形的，山不是圆锥形的，海岸线不是圆形的，树皮不是光滑的，闪电也不是直线传播的。
>
> ——本华·曼德博（Benoît Mandelbrot）

证明费马大定理的英国数学家安德鲁·怀尔斯是普林斯顿大学的教授。他于2000年获授爵士头衔。

年英国数学家安德鲁·怀尔斯（Andrew Wiles）最终解决了这个问题。怀尔斯用椭圆曲线的方法证明了费马大定理。当他还是个孩子的时候，一听说这个问题就试图解决它，此后他继续攻读数学学位。放弃很久以后，他意识到这与他在曲线上的工作有关，并再次回到问题上来。他的证明非常复杂，不可能与费马声称的发现相同。

三维永不够用

通过将坐标定义为一个点，由此可从方程作图，笛卡尔将代数和几何结合起来。这样，他为后来代数几何进入未知的新维度的发展提供了方法。

任何二维形状都可以通过给出其顶点（角）的坐标来表示，每个顶点的坐标为两个数字。这个原理可以轻松地扩展到三个维度——通过给出三个坐标，我们可以在三维空间中定义一个点。计算点之间的距离也很容易。在具有点（a,b）和（c,d）的二维系统中，我们可以使用毕达哥拉斯定理来计算点之间的距离。想象一个三角形，两个点定义了斜边的端点。这条线的长度——点之间的距离——为$\sqrt{(c-a)^2+(d-b)^2}$。我们可以将相同的公式扩展到三个维度：（a,b,c）和（d,e,f）点之间的距离为$\sqrt{(d-a)^2+(e-b)^2+(f-c)^2}$。有什么阻止我们进一步研究由四个坐标定义的四个维度的距离？是26个维度吗？还是4519个维度？我们可能会有一个概念上的反对，因为我们不能想象四维，更不用说4519维空间了，但是数学并不关心我们能否接受这个概念。多维空间有什么用？ 如果我们可以摆脱将其可视化为现实世界的问题，那么具有多维空间理论实际上是

非常有用的。我们经常绘制两个变量的图形，例如速度与时间的关系或温度与增长率的关系。现实世界中有很多情况涉及两个以上的变量。如果我们跟踪天气状况、公司在股市中的表现或人口的死亡率，则有许多变量需要考虑。通过为每个数据点分配7个、8个或9个变量，我们可以设想，如果无法可视化的话，一个7个、8个或9个维度的地图，我们可以从中进行测量和预测。不需要绘制地图，代数就可以完成计算，但是图形所存在的概念空间已被提出。

对于我们而言，要用超过我们已知的四个维度来可视化空间非常困难，但是代数可以在任意多个维度上工作

科赫雪花

人们甚至可以用分数维度来构想几何学。一个著名的模型是科赫雪花，它由瑞典数学家尼尔斯 · 冯 · 科赫（Niels von Koch，1870—1924）发明。科赫雪花是分形的一个例子，也是最早定义的分形之一。

画一个正三角形，把每一边平均分成三份。从每一边取下中间部分，用另一个与该截面尺寸相同的等边三角形的两个底角代替。重复此操作，所得结果是像雪花一样的形状。

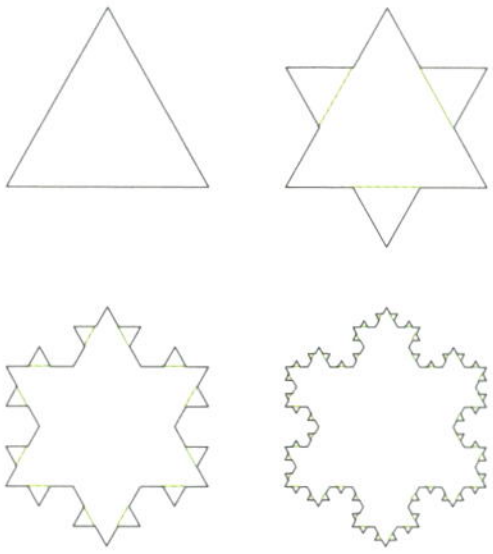

可以无限次进行此操作。最终的形状具有如下的面积：

$$\frac{2\sqrt{3}s^2}{5}$$

s是原三角形一边的长度。但是，周长是无限的——无限的周长包围着有限的区域。

使用单个线段而不是三角形执行相同的操作，随着线段越来越小，结果线趋近于曲线。该曲线称为科赫曲线。

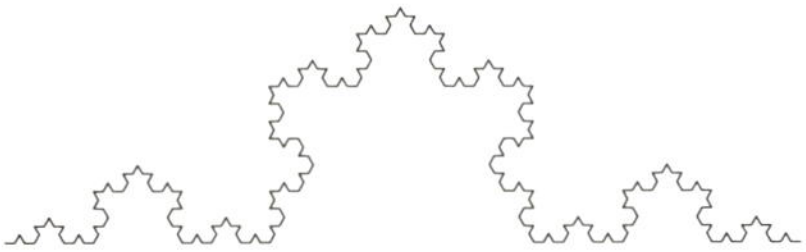

曲线的长度是无限的。每步的总长度增加三分之一，因此n步后的长度为$\left(\frac{4}{3}\right)^n$。它不是一维线，因为任何部分都是无法测量的——它是无限长的。但是它没有封闭区域，因此也不是二维的。据说其分形维数为$\frac{\log 4}{\log 3}\approx 1.26$，大于直线的维数，但小于曲线的维数。豪斯多夫（Hausdorff）是现代拓扑学的创始人之一，分形维数也被称为豪斯多夫维数。

其他分形

分形是从大比例尺到小比例尺重复图案的结构，因此，更仔细地观察结构可以发现相同或相似的轮廓。自然界中有许多近似的分形，包括雪花、树木、星系和血管网络。分形太不规则了，以至于无法使用标准的欧几里得几何进行描述，并且分形通常具有不同于其正常拓扑尺寸的豪斯多夫尺寸。分形通常是由空间填充算法产生的。谢尔宾斯基三角形就是一个例子。从一个简单的三角形开始复制三份，其大小为原件的四分之一，然后将其放在原件的三个角。无限重复进行此步骤。

产生的图案在任何放大倍数下都是相同的。波兰数学家瓦茨瓦夫·谢尔宾斯基（Waclaw Sierpiński，1882—1969）于1915年首先以数学上定义的曲线而非几何形状对其进行了描述。它的豪斯多夫维数为$\frac{\log 3}{\log 2}\approx 1.585$。

分形最著名的例子是曼德博集，由波兰数学家本华·曼德博（Benoît Mandelbrot，1924—2010）描述。这是绘制一组包含复数的二次方程的几

本华·曼德博，分形几何之父

何图形的结果。曼德博收集了较早的分形示例，给它们取了“分形”的名称并定义了它们的条件。他探讨了它们在自然界和人工系统（例如经济学）中的普遍性，并确定它们是非常普遍的模型，比欧几里得几何学的简单结构更常见。分形通常可以表达真实宇宙的“粗糙”质量，而欧几里得几何学具有平滑度，这在自然界中很少见。曼德博提出了一个宇宙模型，其中恒星是分形分布的。这将解决奥伯斯佯谬，而无需大爆炸，尽管这并不排除大爆炸的发生。（奥伯斯佯谬指出，夜空应该是明亮的，因为从任何方向看我们都应该看到一颗恒星。尽管德国天文学家海因里希·奥伯斯于1823年对其进行了描述，但开普勒首先指出了这一点。）

尽管分形通常以方程式开始，但最好将其实现为几何形状。

继续前进

借助分形，线条扩展到了无穷。使用笛卡尔和费马绘制的图形，即使没有增加无限长的直线的复杂性，很快也需要计算曲线下的面积和曲线段的长度。处理此问题的方式，以及后来处理分形的方法，都涉及无穷小。17世纪末，数学家终于掌握了无穷的概念。

第6章
掌握无穷

在求解直边多边形的面积或直面多面体的体积时，运用几何方法就足以便捷地获得答案；但面对含曲边的平面图形或含曲面的多面体时，传统的几何方法就显得捉襟见肘了，更不用说黎曼几何和分形几何中那些更具挑战性的平面与空间了。

早期解决不规则图形面积与体积的方法是将它们切割为一些小的、规则的部分，分别计算，然后再累加起来。早在2000多年前，这种方法的核心要义就已经被欧多克索斯与阿基米德阐述过，但是很长一段时间里，由于数学家们反对“无穷”的概念，严谨地研究与运用这一方法变得不再可能。终于，在17世纪晚期出现了一种处理这类问题的系统性方法。就像解析几何一样，这种新方法——微积分——被当时两位最伟大的数学家同时且独立地建立了。

海洋的浩瀚无垠是地球上无限的象征

阿基米德，这里是绘于1620年的不合时代的肖像，他面临着无穷大和极限的问题，而这些问题将在近2000年后得到解决

接受无穷

无理数，例如π、e、$\sqrt{2}$，都是无穷序列。我们可以继续将它们细化到更多的小数位，但是这样的任务永远也不会终止。无论是无穷大还是无穷小都困扰了数学家2000多年。古希腊人不喜欢无理数，喜帕恰斯被谋杀也许就是因为他证明了无理数的存在。但在17世纪，数学家在方法上不断改进，最终接受了无穷大和无穷小。这些概念和数字最终变得很有用，没有与人们所珍视的期望和信念相混淆。

早期的先驱

阿基米德计算圆面积的方法（或者说获得π值的方法）是在圆的内外画多边形并计算它们各自的面积，从而给出圆面积的上限和下限。通过增加内接多边形的边的数量，可以获得更高的精确度。此时，阿基米德发现了两个在后来变得极其重要的概念——极限和无穷。就计算圆面积而言，完美的面积是由一个有无穷多条边的多边形得出的。一个圆可以被称作是一个有无穷多条边的多边形，所以这两个内外多边形将在一点上聚拢。当边的数量趋于无穷时，圆面积和多边形面积的

纸的重量

就像阿基米德通过测量物体排出的水量求得不规则形状物体的体积，伽利略发现了求解曲线下的面积的实用方法。在没有几何工具和代数工具求面积的情况下，他会绘制曲线，然后将曲线分割，并称一下纸的重量。通过比较该重量和一堆已知面积的纸的重量，最终可以算出曲线下的面积大小。

差会趋向于0，并且面积的极限一致。

阿基米德非常熟悉将图形分割成许多的小块后求面积或体积的方法。德谟克利特（Democritus）在200年前否决了这种方法的可能性，因为他无法克服逻辑的困难。也就是说，如果切片足够薄，两者之间就不存在差别，那每个棱锥体都可变成一个立方体。安提丰（Antiphon）将这个技巧发展为"穷竭法"（尽管到1647年这个术语才被使用），而欧多克索斯（Eudoxus）使其更加严谨。该方法将一个待求面积和另一个面积联系起来，并证明未知面积不大于已知面积也不小于已知面积（也就是这两个面积相等）。这是一个非构造性的证明，因为在证明之前必须要知道所求的面积。

一幅19世纪的有直尺、圆规和地球仪的德谟克利特版画

在17世纪，数学家终于开始平静严谨地思考无穷大和无穷小，穷竭法最终通过适当的代数公式得到了应用，并以积分学的形式出现。直到解析几何发展起来以及对极限有了严谨的理解之后，积分学才出现。

向正确的方向迈进

在16世纪下半叶，科学和力学的飞速发展为计算面积、体积和诸如速度之类的特性带来了新的生机。德国科学家约翰尼斯·开普勒（Johannes Kepler，1571—1630）和佛兰德工程师西蒙·斯蒂文都致力于通过把不规则形状的图形分为小块计算其面积，并且都从实际的角度考虑解决具体的问题。斯蒂文使用技巧求解了物体重心的问题。他将平行四边形嵌入三角形中以找到重心所在的中心点。

开普勒有一个更有趣的问题。当按桶付酒钱的时候，根据桶有多满计算酒钱。只有在酒桶全满或半满的时候，量油尺才能准确测量体积。因为

> 无穷大和无穷小超越了我们有限的理解，前者是因为它们的规模，后者是因为它们的渺小；想象一下它们结合起来是什么。
>
> ——伽利略，1638

酒桶的中间比桶盖桶底要宽。如果一个酒桶在深度上1/4满，那么这个酒桶实际所含的酒量少于桶满时酒量的1/4。当开普勒为1/4桶酒付1/4酒桶的酒钱时，他觉得会被欺骗。他提出了将酒桶分成无限薄的圆片，并将它们的面积累加作为求真实体积的方法。事实上，他还需要测量曲线下的面积以进行天文学的研究，但酒桶带来了一个更加引人入胜的问题。

伽利略曾说过他想写一篇关于无穷的论著，但即使他写过，也没有流传下来。相反，有一些使用无穷大和无穷小来计算面积和体积的文章，但伽利略依旧在努力理解这些概念的奇怪逻辑。

也许他最有趣的发现——推动了19世纪集合论的发展——就是每个整数都可以平方。因为有无穷个整数，故也存在无穷个平方数，有多少个整数就有多少个平方数。但是，无穷个平方数会比无穷个整数多吗？他开始逐渐意识到无限集的一个特征，也就是，集合的一部分可以与整个集合相等。但是，他背离了这个结论，他认为“相等、更大、更小”这些属性都只适用于有限集。

另一个意大利人，博纳文图拉·卡瓦列里（Bonaventura Calvieri，1598—1647）整理汇集了阿基米德到伽利略在无限分割方面的研究成果。在1635年发表的一部著作中（尽管6年前就已经构思），他解释了他的“不可分量”方法。他使用了几何方法，虽然不久后就被取代，但却取得了超凡的结果。他设想了一些东西，这些东西相当于50年后发明的微积分。

微积分的诞生

微积分的发明是数学史上的一个重要转折点。它解决了困扰数学家

2000年的问题，并且开启了以前无人得知的大门。

微积分过去被叫作“the calculus”，现在它被用来求解许多代数无法解决的复杂问题

关于微积分的一点知识

微积分提供了测量变化率和变化效应的方法（微积分之名源于用于计数的小石子的拉丁名）。它被分为两个彼此对立的部分，即微分和积分。微积分基本定理揭示了微分和积分实则是互为逆运算的。

两者本质上都是近似方法，却旨在用极限使误差（近似的不精确性）趋于0。当用一个例子说明时，该方法的原理将更容易理解。

回到阿喀琉斯和乌龟的问题

芝诺悖论——如果乌龟领先，阿喀琉斯永远追不上乌龟（见第78页）——可以用微积分来表示（但尚未求解）。使用d代表乌龟距离起始点的距离、t代表已经走过的时间，我们得到一个时间序列t_1，t_2，$t_3\cdots$以及相应的距离序列d_1，d_2，$d_3\cdots$。乌龟移动的速度是时间和距离的函数，由此可以给出乌龟位置的变化率。它在两个时间点t_1，t_2之间的速度可以表示为

$$\frac{d_2-d_1}{t_2-t_1}$$

早期的动力学

大约在1361年，法国主教尼古拉·奥雷姆（Nicholas Oresme）发现速度与时间的关系图下的面积等于行进的距离。在将动力学问题转换为几何问题的过程中，他可能是第一个在制图学之外使用坐标系的人。

如果第15秒的时候，乌龟距离起始点3米远，而第20秒后，距离起始点4米远，那么乌龟的速度就等于

$$\frac{4-3}{20-15}$$

即0.2 m/s。

显示乌龟运动的距离–时间函数图像将是一条直线，因为距离与时间的关系是恒定的。

如果乌龟以恒定的速度移动，那么速度–时间函数图像将会是一条直的水平线。

在这种情况下，距离十分容易计算，就是速度–时间图线下的面积（d=0.2t）。速度的变化率（加速度）就是直线的斜率。在这个例子中，这条线是平直的，也就是加速度为零（这只乌龟以恒定的速度移动）。

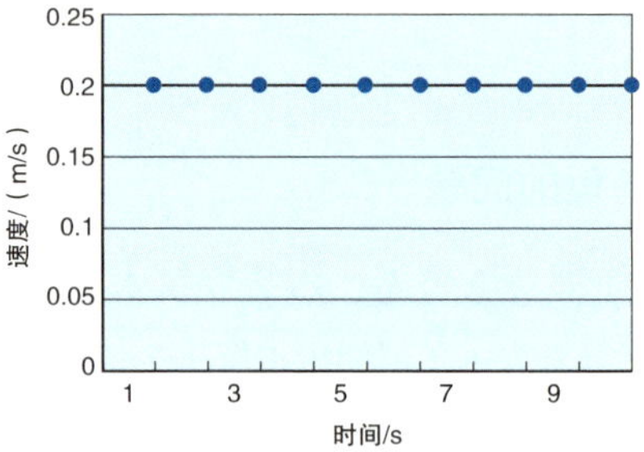

现在假设这只乌龟有一辆电动滑板车。不以恒定速度，它现在加速直到电动滑板车达到最大速度。速度图的第一部分如图所示：

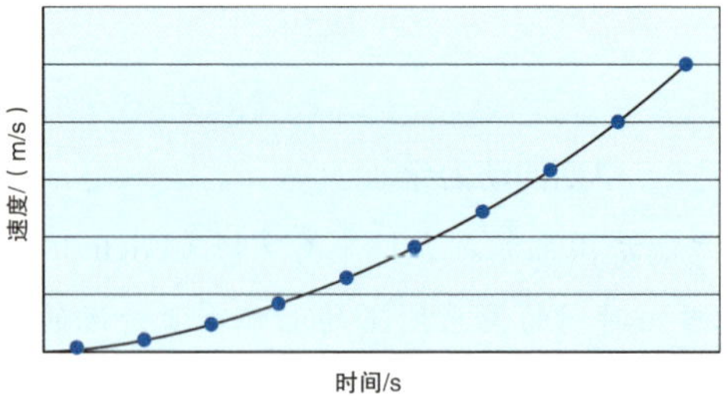

这种情况更复杂了。为了求这只乌龟走过的距离，需要求出图表下的面积，但是这并不容易计算。为了求任意特定时刻的加速度，需要计算曲线

上那个点的斜率。第一个问题可以用积分学求解，而第二个问题则可用微分学求解。

积分

积分是通过在曲线下画一系列无限细的矩形，并把所有的小矩形面积相加来计算曲线下的面积。它与开普勒的酒桶问题（见第153页）或者使德谟克利特烦恼的棱锥切片问题（见第79页）非常相似。

我们可以通过绘制矩形来对曲线下的面积进行粗略的估计，使得曲线通过每个矩形顶部的中点。

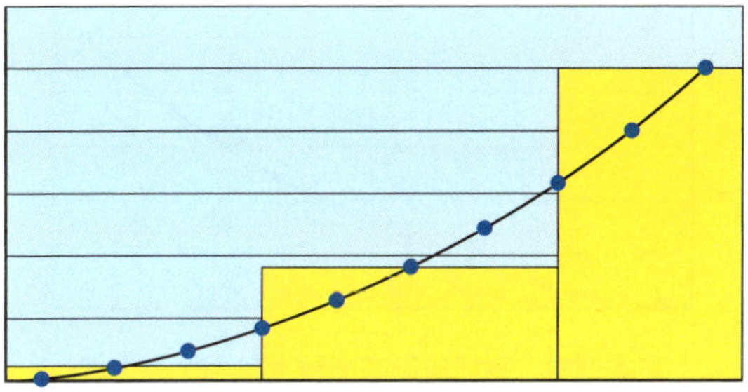

这条线切掉了每个矩形左侧顶部的一部分，但在右侧有一定的空间。如果将矩形的剩余部分翻转过来，它将非常适合该空间。矩形越小，与曲线的拟合越好。

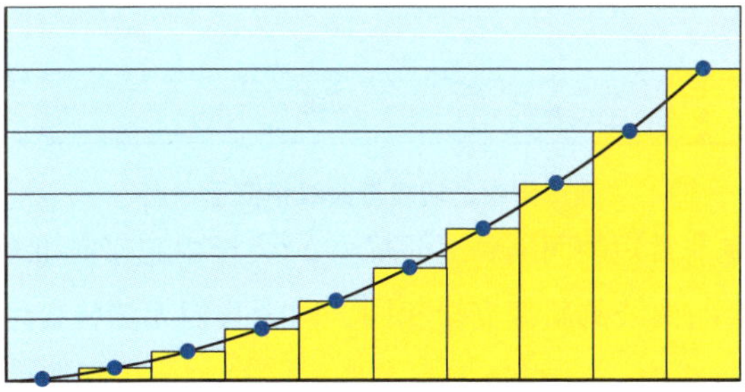

随着矩形的数量趋于无穷大，计算出的面积（所有矩形的总和）就越趋于曲线下的真实面积。该面积是函数$f(t)$的积分。积分的表达式写为

$$\int_a^b f(t)\,\mathrm{d}t$$

其中a和b是我们要处理的限制值（限定该区域t的上下值），而$\mathrm{d}t$表示

时间变化很小。

微分

在一段时间间隔内的平均加速度（在时间与速度的关系图上）由该时间间隔的起点和终点之间绘制的直线的斜率给出。这条线被称为割线。瞬间加速度由该时刻曲线的斜率（或曲线的切线）给出。

微分学提供了一种计算近似曲线斜率的方法，即通过假设一个非常短的时间间隔计算该间隔的割线斜率。（非常短的时间间隔称为 Δt，“delta–t”，希腊大写字母Δ被用来表示小量）。

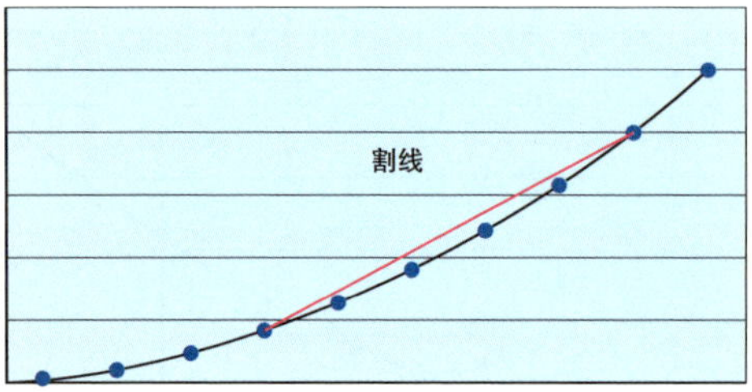

在本例中，割线绘制在曲线上的两个点之间

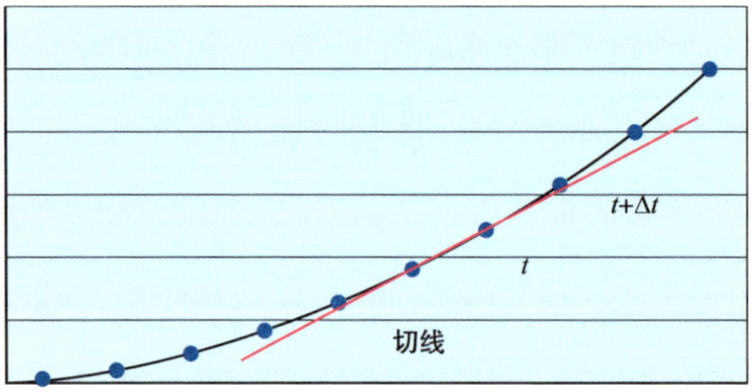

在本例中，切线与曲线相交于一点

时间 Δt 是非常短的间隔。逐渐减小 Δt 会产生越来越准确的结果，尽管它永远不会与曲线的斜率完全相同，因为我们无法将 Δt 设置为零。但是，当 Δt 接近零时，直线趋于完美匹配。这引入了极限的概念：当 Δt 接近零时，函数的极限接近所需值（瞬时加速度）。这是微分的过程。

功败垂成

费马在解析几何方面的工作涉及一种关系，它是微积分理论的基础。费马处理了求曲线的切线和曲线下的面积的问题。他推导出的表达式显示

关孝和

关孝和（1637/1642—1708）在1637年或1642年出生于日本。他发明了一种新的记号来表示直到五次方的方程，即用汉字表示变量和未知数。他发现了判别式，并得到了微分学中的一些结果，大约在同一时间欧洲的牛顿和莱布尼茨也发现了这些结果。欧洲和日本的数学家之间没有已知的交流。（判别式是表示多项式方程系数之间关系的表达式。例如，对于二次多项式ax^2+bx+c，判别式是b^2-4ac。判别式是正的、负的还是零，都提供了关于方程性质及其根的信息。）

两者具有互逆关系，但这似乎没有引起他的注意，因为没有证据表明他探讨或试图解释它。

布莱士·帕斯卡（Blaise Pascal）是另一个只差临门一脚就能发现微积分的人。帕斯卡在数学方面兴趣广泛，并在不同主题之间不断穿梭。还有另外两个因素促使他丢失了可能属于他的荣耀——他在经历了宗教狂喜之后放弃了数学，以及不幸英年早逝。帕斯卡在处理正弦函数的求积时，差点就发现了微积分。莱布尼茨后来写道，正是阅读帕斯卡的著作为他指明了微积分的方向。

展望未来

随着解析几何的发展，用代数描述运动成为可能。古希腊人引入了将曲线作为移动点的路径（轨迹）的想法。解析几何提供了一种以方程形式描述轨迹的工具，概括出由不同类型的运动产生的曲线的形状并识别出具有预测值的模式。例如，卡瓦列里注意到，由$y=x^2$定义的抛物线下的面积在x轴上介于0到a之间是$\frac{a^3}{3}$。同样，对于曲线$y=x^3$，相应的面积是$\frac{a^4}{4}$。然后不难猜测，曲线$y=x^n$下的面积的一般公式为$\frac{a^{n+1}}{n+1}$。

莱布尼茨和牛顿

微积分基本原理——微分和积分——大约在1670年由英国科学家和数学家艾萨克·牛顿和德国博物学家戈特弗里德·莱布尼茨分别独立发现。

艾萨克·牛顿爵士

艾萨克·牛顿（1642—1727）早产于1642年的圣诞节，出生时他病得很重，以至于不得不接受临终圣礼。他的父亲在他出生前就去世了，在三岁的时候，他的母亲把他留给了祖母，自己则改嫁他人。

后来，牛顿去了剑桥大学三一学院，在那里他学习了课程要求的古典科学，还阅读了笛卡尔和化学家罗伯特·波义耳的新著作。当大学因鼠疫而停课两年时，牛顿在林肯郡工作。他提出了微积分的思想，他称之为“流数”，但在这一点上，当时他没有发表他的任何成果。瘟疫过后，牛顿成为了剑桥大学的教授，可以全身心投入到他的科学和数学工作中。他发现白光是由一系列彩色光谱组成的，他阐述了支撑经典力学的运动定律，并定义了一种引导物体下落的力，即重力。他出版的《自然哲学的数学原理》（*Philosophiae Naturalis Principia Mathematica*）也许是有史以来最重要的科学出版物。

牛顿是第一个意识到白光可以分解为光谱颜色的人

牛顿被神秘的事物和炼金术所吸引。他还对其他与他意见不同的学者产生了精神上的不宽容。多年来，他一直在与世隔绝的工作，避免了任何可能的冲突来源。职业纠纷有时会让他大发脾气，并在科学界引起轩然大波。

两个人所做的就是发现了一种计算曲线上某一点切线斜率的方法，只需给出曲线方程，即可计算曲线上指定点的切线斜率。切线的斜率（从几何角度定义线）表示函数（例如，运动物体在特定时刻的速度）的变化率。两人还意识到，积分是微分的逆过程，对微分的结果进行积分会回到原来的函数，反之亦然。这揭示了总值和变化率之间令人惊讶的关系。

莱布尼茨采用曲线$y=x^2$下的面积的表达式：

$$\int x^2 \mathrm{d}x$$

并将其视为和（由拉长的s，即$\int$表示），在这种情况下，x^2沿着x轴被分成无限小的部分（dx）。牛顿和莱布尼茨强调微积分的不同方面，并且在使

戈特弗里德·威廉·莱布尼茨

戈特弗里德·莱布尼茨（1646—1716）小时候几乎自学成才，随后进入莱比锡大学学习法律。因为他太年轻，大学拒绝颁给他博士学位，因此他离开了这座城市，并再也没有回来过。他随即在纽伦堡获得博士学位。

后来，莱布尼茨移居巴黎，他的大部分著作都是用法语或拉丁语书写的。他一生为几个贵族家庭服务，同时追求数学、哲学和许多科学领域的兴趣。他发明了一种计算机器，并在伦敦之行时把该计算机器赠送给了皇家学会。他发展了一门叫作动力学的科学分支，该学科研究物体的运动和作用在物体上的力。他在1670年代从事实用力学和工程学的研究，设计和改进了多种机械。在哈尔茨山脉的矿山中进行观察后，他被认为是地质学的鼻祖。他是第一个提出地球最初是熔融状态的人。1679年，他完善了二进制符号，这是计算机科学的核心。他的哲学很乐观——他相信这个世界代表了上帝可能拥有的所有世界中最好的一个。

莱布尼茨著述广泛，撰写了大量的文稿，而他的大部分作品至今仍未出版

用微积分时有着截然不同的目的。对于牛顿来说，他在微积分中发现的一个好处就是能够处理幂级数——x的多重幂的无穷和，比如：

$$\frac{1}{1-x}=1+x+x^2+x^3+x^4+\cdots$$

他发展了幂级数的演算，展示了如何对它们求导、求积和求逆。莱布尼茨对变化的系统的性质和无穷小量求和更感兴趣。他的工作将连续的量视为离散的，这是一个被他和其他人都忽略了的逻辑缺陷——尽管这是一个古老的问题，是芝诺悖论的核心难题。

芝诺悖论集中在将连续运动划分为微小的瞬间——一个被微积分掩盖的问题

牛顿未发表有关微积分的任何成果，而莱布尼茨首先发表了。随之而来的关于优先权和每个人的方法优劣的争论产生了持久的影响，英国数学一直被孤立到19世纪。

微积分的影响

在研究自由落体运动时，伽利略（逝世于牛顿出生的那年）需要计算物体在特定时刻的速度。对于这类问题，微积分是一种理想的工具。自牛顿和莱布尼茨时代以来，微积分已应用于力学、物理学、天文学、经济学、社会科学和其他许多领域中的无数问题，使物理学发生了革命性的变化，并为数学技术的进一步发展提供了新的动力。微积分衍生出一个完整的数学分支，称为分析学，用于处理连续变化。积分在对一大组的小量进行求和时是有用的，如确定以不同速度移动的物体行驶的距离或计算车辆的总油耗等问题。微分可用于各种各样的问题，如模拟疾病流行和确定飞机与另一架飞机避免相撞所需的路径。

微积分在现代世界中具有广泛的实际应用。它甚至有助于在繁忙的天空中为飞机建立安全的飞行路径

伯克利主教在《分析学家》（*The Analyst*）一书（1734年）中回应了他所认为的自然哲学对宗教的破坏（其中微积分占主要部分）

超越微积分

数学家们对无穷的概念一直不够满意，对微积分更是如此。英国圣公会主教乔治·伯克利（George Berkeley，1685—1753）对微积分进行了一次有理有据的反驳，这同时促成了一次富有成效的讨论，也促成了

极限和无穷的严谨定义，最终促进了微积分的发展，并且使分析学作为分支独立出来。

伯克利的反对意见在超过一百年的时间里没有得到充分的回应。又过了一个世纪，逻辑学家亚伯拉罕・罗宾逊（Abraham Robinson，1918—1974）最终证明无穷小量的概念在逻辑上是相容的并且可以被认为是一种数字。

分析学处理连续变化和研究过程中出现的诸如极限、微分和积分等问题。尤其是微分，它是分析学中最重要的工具之一。微分将变化率和目前的数值联系起来，就有可能——至少在理论上——预测未来的行为。这让分析学成为了许多建模和预测行为的核心，从天气预报到流行病学，从天文学到流体力学。

无穷的运用

早在古希腊时期，尽管人们还没弄懂无穷的概念，但已经在数学中开始使用它。欧几里得用一种算法（辗转相除法）找到了一对数的最大

马德哈瓦

印度数学家马德哈瓦（Madhava of Sangamagrama，1350—1425）被很多人认为是使用分析学方法的鼻祖。他创立了在14—16世纪名声显赫的喀拉拉邦数学与天文学学派。他是第一个认可趋近于无穷的极限和定义无穷级数的人。他发现了三角函数的无穷级数，发明了几种计算圆周长的方法和两种求 π 的办法。他还朝着积分学和微分学的发展迈出了步伐。由于他的作品已经失传，他的成就只在人们口中不断流传。

公因数。如果他把这种算法运用到一对长度是无理数的线段上，这将会是一个无穷无尽的过程，永远不会终止。欧几里得用这种性质来检验无理性。

牛顿和莱布尼茨对无穷大和无穷小的逻辑困难有着相似理解，那就是忽略（或者不严谨地运用）。他们同时将现实视为离散的和连续的，这取决于数量本身。当太小的时候，可以忽略它们的存在。然而，微积分在各种领域都得出了极其有价值和引人瞩目的结果，以至于微积分核心的不相容性没有立即得到解决。

微积分的后牛顿、莱布尼茨时代

牛顿和莱布尼茨对于微积分优先权的争论，导致之后微积分的工作分为两极。由于莱布尼茨已经想出了可用的符号，他的研究成果得以发扬光大，欧洲大陆成为了微积分发展的舞台。牛顿对于几何的兴趣让他所使用的微积分变得模糊不清，难以理解。尽管人们仰慕他所取得的成就，但他对自己对手使用的符号的厌恶使得只有很少一部分英国人追随他。

在莱布尼茨发表成果的几十年后，瑞士兄弟雅可比·伯努利（Jakob Bernoulli，1654—1708）、约翰·伯努利（Johann Bornoulli，1667—1748）和莱布尼茨成为了微积分的领军人物。伯努利家族发展了微分法则、有理函数的积分、初等函数理论、力学上的应用以及曲线的几何学——事实上，除了牛顿最感兴趣的幂级数之外，他们还发展了古典微积分的大部分原理。伯努利兄弟甚至用微积分阐明了牛顿本人都没有解释得很好的用于计算椭圆轨道引力的平方反比定律。

雅可比·伯努利（左）和约翰·伯努利（右）来自一个才华横溢的商人和学者家庭，是该家族八位数学家中的两位！

在19世纪中期，黎曼改良了计算积分的方法，他建议比较两组薄片——一组内切薄片，一组外切薄片。当两组切片的面积彼此接近时（随着切片越来越

薄），就得到了真正的积分值。

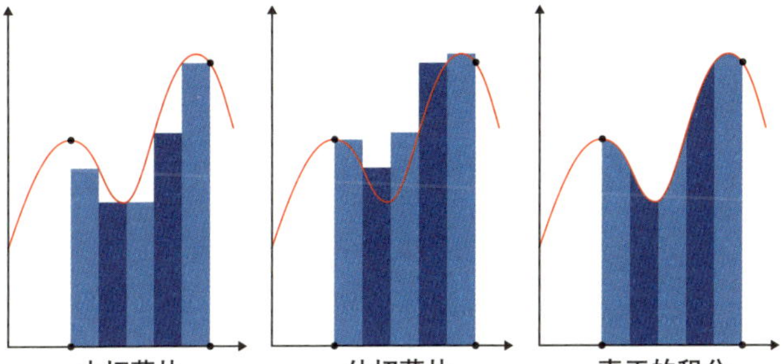

克服困境

无论微积分多么有用，它的核心矛盾没有消失，而且迟早需要被解决。处理这些矛盾推动了分析学的发展——本质上它并不是一种计算技巧，而是使用微积分的坚实的逻辑基础。

当我们比牛顿、莱布尼茨对微分的思考更加严谨时，被批评家强调的微积分早期应用的两个难题就会出现。一个是伯克利所提及的“消逝量的鬼魂”，另一个或被称为“一瞬间的鬼魂”。真实的世界特征是连续的模型，而不是一组离散的部分（这让人想起我们在一开始就对数数与测量、算术与几何以及芝诺悖论核心的连续与离散问题所做的区分。）

想想任何一个涉及连续变化的系统——例如，水从大坝上流下或机翼上的气流。随着某地条件的改变，流动量不是一成不变的。由于时间间隔总是可以更小，在任何时候测量流量都会有近似和平均的处理。只有让时间静止我们才能得到准确的测量量。但是流动量取决于时间，如果时间停止，流动量也是零。

不仅是时间可以被无限地细分。比如，当温度从2℃到3℃，它一定会经历无数个中间状态，尽管2和3小数点后面有无数个0，它们自身就是无穷小数。在这个连续变化模型的过程中，我们必须处理这些转瞬即逝的量——它们当然也一定是无穷小数。

> 这些导数是什么?它们既不是有限的量，也不是无穷小量，但还是有意义。我们难道不应该称它们为“消逝量的鬼魂”吗?
>
> ——乔治·伯克利，1734

无穷量的概念和推理结构使从事微积分工作的数学家忧心忡忡，他们得努力建立其严密性。

德国数学家卡尔·魏尔斯特拉斯致力于消除微积分中的矛盾并定义级数的极限

为了使分析学成为一个严密可靠的工具，数学家首先需要找到某种方法来处理这些消逝的量和瞬间的量的模糊性。德国数学家卡尔·魏尔斯特拉斯（Karl Weierstrass，1815—1897）给出了级数极限的令人满意的定义。他因在函数论方面的成就，以及发明了检验数列收敛性的方法而被认为是现代分析学之父。以下面这个级数为例：

$$\frac{1}{2}+\frac{1}{4}+\frac{1}{8}+\cdots$$

魏尔斯特拉斯说，我们要做的一切工作就是找到一个可接受的误差（近似）范围ε，之后将数列一直写下去直到所写到的值的和与1的偏差小于ε。这时，我们可以说级数收敛于1。这消除了对模糊的无穷小的需要，并给出了一个满足要求的

无穷级数

一个无穷级数是一个有无穷项（数）的序列。例如，

$$\frac{1}{2}+\frac{1}{4}+\frac{1}{8}+\cdots$$

就是一个无穷级数，其中每一项都是前面的一半。如果我们把序列一直写到最后一个数，我们得到的这些数的和是1。因为这个级数得到了一个确切的值，我们说它是收敛的。而其他级数可能不收敛，比如，

$$1+2+3+\cdots$$

这个级数是发散的，因为它永远也不会达到一个极限。有些收敛级数是模棱两可的：

$$0+1-1+1-1+\cdots$$

这个级数在1和0之间摆动。

实数。同样地，尽管级数接近于它的极限，但为了满足魏尔斯特拉斯的条件，这个极限不用被取到。现在，近似度可被表示出来，精确度也可被量化。我们不必担心原先存在的量消失——分析学有了严格的逻辑基础。

微积分转换为代数问题

在18世纪，微积分远离了牛顿和莱布尼茨的几何基础而变得越来越代数化。几何曲线变得不那么重要，代数函数成了核心。很快，复数出现了。

微分提供了在上限和下限之间求局部最大值和局部最小值的很有用的方法。如果我们画一条函数的曲线，接近最大值点的曲线倾斜度会变平；在最大值处，曲线暂时变得平坦（斜率为0），然后它再次向下弯曲，倾斜的方向相反。

由于变化率等于曲线的切线斜率，所以很容易发现极大值点或极小值点——就是曲线斜率为0，然后反转的地方。这一知识使我们能够在不画图的情况下找到方向的变化——所有极大值点和极小值点。当函数微分为零时，曲线的切线平行于轴。

微分在处理许多表现出指数增长或衰减的现象时也很有用，例如人口增长或放射性衰变。通过考查给定时刻的变化率，可以推断出未来（或过去）的值。

波函数

微积分可以求出极大值和极小值使它在处理各种波形时特别有价值——从声学到光学、电磁波到地震波。这一领域最早的工作是由英国数学家布鲁克·泰勒（Brook Taylor，1685—1731）完成的，他在1714年对小提琴的琴弦振动频率提出了数学描述。法国数学家让·勒朗·达朗贝尔（Jean Le Rond d’Alembert，1717—1783）在1746年对模型进行了改进，他考虑了更多的条件和限制以及沿弦长的

詹姆斯·麦克斯韦——在爱丁堡的学校中被同学起了绰号叫“呆子”——取得了可以与任何伟大的物理学家匹敌的成就

莱昂哈德·欧拉

瑞士数学家和物理学家莱昂哈德·欧拉（1707—1783）的一生大部分时间都在德国和俄国度过。他的研究领域比其他任何数学家都要广泛，他的工作成就有60~80卷。他研究了诸多的领域，不仅在分析学方面，而且在图论、数论、微积分、逻辑学和物理学的几个分支方面都取得过重大突破。他建立了现在使用的许多符号，包括用来表示函数的$f(x)$、三角函数的表示法、符号e（e有时也被称为欧拉数）和i以及∑（求和符号）的使用。他还推广了（但不是原创）希腊字母π的使用。他最令人惊叹的发现之一是欧拉恒等式：

$$e^{i\pi}+1=0$$

一些属性的变化。他证明了有两个不同方向的波形。苏格兰物理学家詹姆斯·克拉克·麦克斯韦（James Clerk Maxwell，1831—1879）在探索电磁学时发现了同样的三维波，这使他预测了无线电波的存在。无线电、电视和雷达的发展都依赖于早期对乐器波形的分析工作。

瑞士数学家莱昂哈德·欧拉（Leonhard Euler）在对声音传播的进一步研究时发现，三角级数是解决问题的关键（1748）。1822年，法国数学家约瑟夫·傅里叶（Joseph Fourier，1768—1830）也发现了一个表示热量沿金属棒传播的三角级数。由此，他发展了傅里叶分析，这使他能够求给定任何初始温度分布的热扩散的值。傅里叶分析用于分析复杂的复合波形，并将它们分解为分量和值。例如，音频信号可以被分解成不同的频率和振幅。尽管傅里叶的这个方法并不严谨，但是经过后来的改进，时至今日这个方法依然在使用——例如将声音压缩到可以下载的MP3中。

过于困难

有些问题即使使用微积分也十分棘手。例如，太阳系中行星的运动太

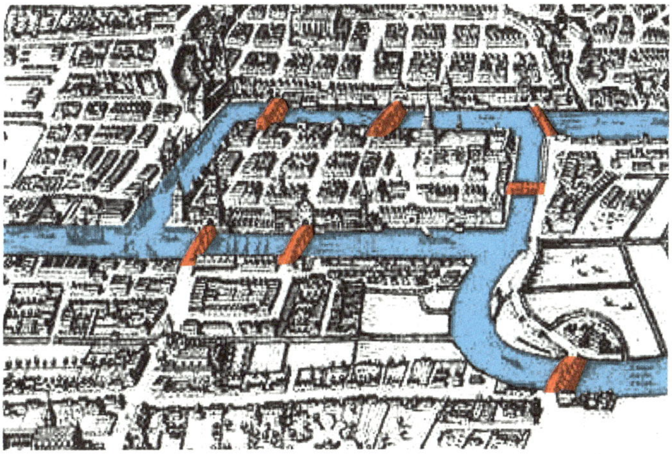

欧拉在1735年解决了“柯尼斯堡七桥问题”，这个问题问的是我们是否可以在柯尼斯堡的七座桥各穿越一次回到起点。通过计算每个区域的桥梁数目，欧拉证明了这是不可能的。他的证明现在被认为是图论的第一个定理

温室气体

傅里叶是第一个于1827年提出大气中的气体可能导致地球温度升高，即温室效应的人。

复杂，无法用简单的级数来解释。为了解决这些问题，发展了动力系统理论。本质上，通过对一个更大范围内特定地提取的数据的分析，并用这些结果得知整体系统的全局性质。如今，计算机分析、逼近解和估值都是以这种方式创建的。

动力系统理论最初是由亨利·庞加莱（Henri Poincaré，1854—1912）为竞赛而首先提出的。1885年，瑞典和挪威国王奥斯卡二世发起了一项有奖征文活动，悬赏能否确定太阳系的稳定性——太阳系是否会维持在大致相同的状态，亦或是一颗行星会偏离自己的轨道，与太阳相撞。

牛顿利用万有引力的平方反比定律来证明开普勒注意到的行星的椭圆轨道，但他还发现如果涉及两个以上的天体，那这个系统就太复杂而无法计算。国王现在想要一个涉及九个天体的解决方案——太阳

为确定太阳系稳定性颁发奖项的国王奥斯卡二世

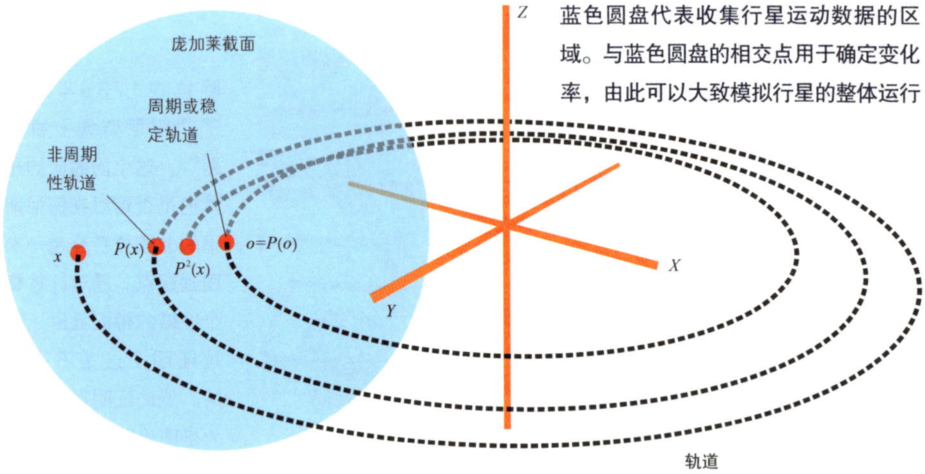

蓝色圆盘代表收集行星运动数据的区域。与蓝色圆盘的相交点用于确定变化率，由此可以大致模拟行星的整体运行

肥皂泡与建筑

比利时盲人物理学家约瑟夫·普拉托（Joseph Plateau，1801—1883）研究了肥皂溶液产生的薄膜和气泡。肥皂溶液可形成最小的表面，即可以覆盖空间的最小表面积。最小曲面数学是一个富有成果的研究领域。由弗雷·奥托（Frei Otto）设计的1967年蒙特利尔世博会西德展馆，是基于对肥皂膜的最小曲面的研究而建立的。

亨利·庞加莱拥有着强大的记忆力，掌握许多学科

和当时已知的八大行星。事实上，庞加莱的解答并没有涉及九个天体。他把天体数量限制为三个，甚至还假设其中一个的质量可以忽略不计（因此引力效应也可以忽略不计）。他模拟了一个有限区域内可能发生的事情的样本——一颗行星的路径与这个区域相交的地方——并推断了变化率，从而得出了对整个系统稳定性的预测。尽管庞加莱因他的部分解答而获奖，但他注意到他的解答中有一个错误，于是花了比奖金还多的钱来重印他的解答。

从18世纪末开始，数学家们更愿意接受复数，1811年高斯开始将分析原理应用到复数上。

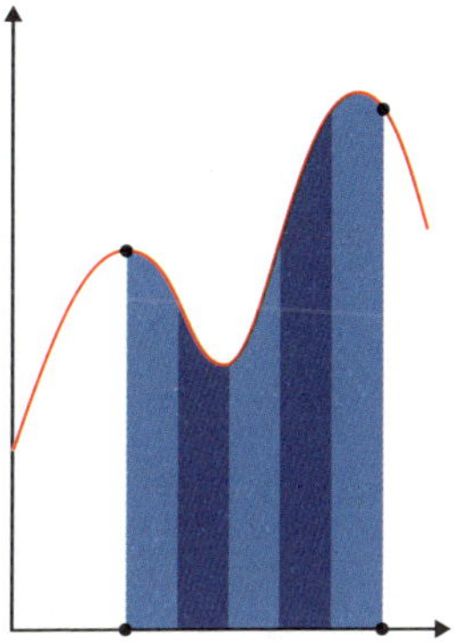

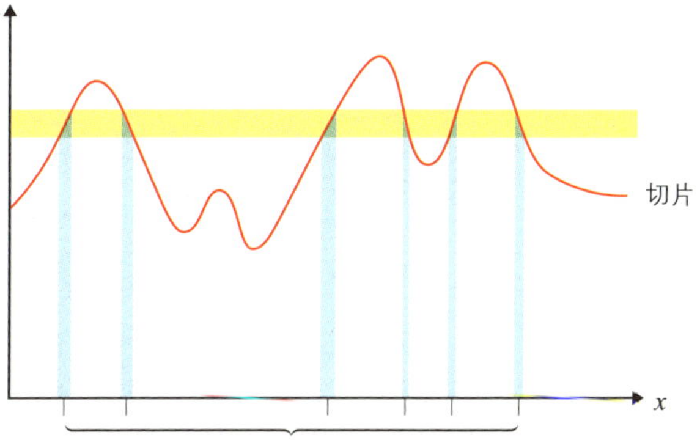

传统的积分，采取竖直的分割切片　　　　勒贝格的方法，采取水平的分割切片

使用复数进行分析——复分析——是可行的，因为复数与实数一样遵循许多相同的定律。

现代分析在许多方面不同于早期分析，数学家发现许多函数不能积分，或者积分后会有奇怪的现象。因此1900年左右，法国数学家亨利·里昂·勒贝格（Henri-Léon Lebesgue，1875—1941）重新定义了积分。勒贝格没有采用图像下方的垂直切分，而是水平地截取薄片。这大大增加了积分的实用性，因为它可以用于不连续函数，同时扩展了傅里叶分析可能应用的范围。

分析学有许多不同的分支和应用，它们渗透到科学的各个领域。

混沌理论

庞加莱的方法是混沌理论的基础。混沌理论在20 世纪得到了很大的发展。它是一个能从随机系统表层中提取有用数据的方法。计算机的发展使得研究混沌和混沌系统成为可能。这项工作涉及一次又一次地进行同样的计算，如果没有计算机，这几乎是不可能的。

一个（通常意义上）看似混乱的系统实际上遵循严格的规则。然而，

失去的荣耀

日本研究人员上田皖亮（Yoshisuke Ueda）与洛伦兹在同一年（1961年）发现了一个混沌系统，但他的导师不相信混沌，直到1970年才让上田皖亮发表他的发现。

洛伦兹吸引子，是混沌系统随时间（这里是天气）运动的模型。尽管变化似乎是随机的，但整个系统形成了一种模式

系统对其变量起点的微小变化非常敏感，以至于不论采取什么方法，系统的行为都是不可预测的。众所周知，天气预报很难在非常短的时间间隔内进行，因为有很多的因素都会影响天气，而结果对起始条件非常敏感。实际上，要做出对几天之后的天气的准确预报是不可能的。

在1961年的天气预报工作中，爱德华·洛伦兹

蝴蝶效应

混沌理论的一种流行说法是，蝴蝶翅膀的运动可能引起或阻止龙卷风，因为当它触发或阻止大气中的其他变化时，局部的小效应被放大了。这个想法很可能来自雷·布拉德贝瑞（Ray Bradburg）的科幻小说《雷霆万钧》（*A Sound of Thunder*）（1952），讲述的是一个时间旅行者在访问侏罗纪时代时无意中杀死了一只蝴蝶，导致人类历史发生微妙变化的故事。

（Edward Lorenz，1917—2008）在混沌理论研究中取得了重大发现。他想重复一次天气模拟操作，但为了节省时间，他输入了先前打印出来的数据，从序列的中间开始创建他的模型。他发现由此得到的天气预测结果与他第一次得到的结果完全不同。原因是他将打印结果的数字从六位数四舍五入到了三位数，这个小误差足以产生一个完全不同的结果。

混沌理论应用于许多科学领域，包括物理、医学、构造学、计算、激光和电力的研究。它还在经济学、心理学和社会学等科学之外的不同领域得到广泛应用。

继续前进

微积分和分析学在检验各种数据的趋势方面很有用。但在数据被检验之前，必须收集和处理它们。令人惊讶的是，收集数据作为决策依据的想法——数据的收集严格且合理——是最近的发展。如今的数学分支——统计学仅在过去400年里才被发展起来。有趣的是，它的出现与微积分的发展相吻合，微积分已成为统计学和概率研究的重要工具。

第7章
数字“世俗化”

微积分和数学分析与我们绝大多数人每天所接触的“数字”相去甚远。虽然我们日常接触到的科学概念、使用的产品以及周遭的世界实际上都依赖于更高等的数学活动，但在日常生活中，统计学与概率的应用则更加广泛。在金融、博弈、游戏、经济和许多其他领域中，数字作为预测和风险评估工具，可以帮助我们在购买彩票和人寿保险、搭乘飞机等方面作出决策。

数字，以及它们所提供的可能性，一直与我们同在

为什么“久赌必输”

几千年来，人类一直在玩碰运气的游戏。掷骰子或赌轮盘实际上是随机的，这些游戏都和数字有关。如果要在这些游戏中获胜，要么碰上绝佳的运气，要么可以熟练地计算概率和风险。

生活中我们可以看到一些很简单的概率现象：在抛硬币时，有$\frac{1}{2}$的机会使硬币落在正面，也有同样多的机会使硬币落在反面；如果多次抛一枚硬币，硬币落在正面的次数可能会与反面一样多。瑞士数学家雅各布·伯努利在1713年发表的一篇论文中首次提到了这一点。他承认这一结果是显而易见的，即使是一个非常愚蠢的人也会注意到；他花了20年的时间对它的合理性进行了严格的论证，为此得到了人们的赞扬。他称其为黄金定理，现在通常被称为大数定律。赌场依赖此定律，虽然一些赌徒可能会走运，但随着时间的推移，赌场预计可以赚取押在轮盘上全部赌注的5.3%。

尽管有可能在短时间内会“大赚一笔”，但从长远来看，赌场肯定会赢

在概率与大数定律之间，概率问题变得更加复杂。比如，连续抛掷五次硬币出现反面的概率是多少？如果掷三个骰子，得到三个“6”的概率是多少？

为了解决这些问题，我们需要做一些概率方面的工作：连续五次得到反面的概率是 $\frac{1}{2^5}=\frac{1}{32}$；投掷出三个

骰子疑云

我们通常认为掷骰子或赌轮盘是随机的，然而它们在理论上是确定的事件。

起始的位置和所有当前条件，包括掷的方向和力量、桌子的表面以及骰子的确切特征都会决定结果。然而，这些决定结果的条件太多了，并且它们的测量太困难，所以我们无法对结果进行建模或计算。

“6”的概率是 $\frac{1}{6^3}=\frac{1}{216}$。

千百年间，人们在玩碰运气游戏的大部分时间里，除了少数非常明显或容易枚举的可能性结果之外，人们无法计算出不同结果的概率。

运气游戏

概率——事件发生的机会或可能性——在17世纪进入数学领域，它是在碰运气游戏的背景下产生的。尽管吉罗拉莫·卡尔达诺曾在16世纪20年代写过《论赌博游戏》，但他的作品直到1633年才出版，因此他输给了费马和帕斯卡。在费马和帕斯卡的一系列信件中，两人讨论了赌徒德·梅雷骑士提出的一个问题：

> 两个玩家在玩一个纯碰运气的游戏，每个人都下注32枚硬币，第一个连续三场获胜的玩家赢得奖金。但是他们的比赛仅在三场后就中断了——玩家A赢了两次，而玩家B赢了一次。他们如何公平地分奖金呢？

尽管两位数学家通过不同的方法得出了解决方案，但是他们都提出了一个3：1的分配方案。

费马从概率的角度给出了答案。比赛的结果最多需要另外两场比赛，有四种可能的结果：AA、AB、BA和BB。只有最后一种可能使得B赢得比赛，因此他有四分之一的机会赢得比赛，应该获得四分之一的奖金。帕斯卡提出了基于期望的解决方案。假设B在下一轮中获胜，那么A、B玩家将对32枚硬币享有同等所有权。由于玩家A已经获胜两次，无论如何他都应得到32枚硬币。在下一场比赛中玩家B获胜的概率是50%，因此他应该拥有其余32枚硬币中的一半；玩家A也有50%的获胜概率，并且应该拥有最后16枚硬币。那么可以得到结果，玩家A应得到48枚硬币，而玩家B应得到16枚硬币。帕斯卡的策略赢得了处理偶然事件的数学家的赞同。

一切都是公平的

运气游戏引起了数学家的兴趣，但另一个推动力则是公平合同的法律构想。在公平的合同中，双方的期望是平等的。这是一个重要的概念，因为公平的期望是贷款正当性的核心。基督教教义禁止高利贷（从贷款中获

扬·德·威特意识到风险应该控制回报率

利）。为了解决这一困难，贷款方被认为是投资者，他们在自己承担风险的情况下投资，并且可以公平地持有利润。

直到17世纪，贷款和年金的利率都是固定的，没有考虑任何数学上的风险概念，也没有考虑它的相关计算。关于风险计算的第一篇论文发表于1671年的荷兰，由扬·德·威特（Jan de Wit）在咨询克里斯蒂安·惠更斯之后撰写。当时，国家出售年金是为了筹集资金，通常用于战争投入；它的回报始终是年金价值的七分之一，每年都需要支付直至持有人去世。这种方式并没有考虑持有人的年龄或健康状况。显然，如果不评估国家向年金持有人支付的时间，这笔利率可能会很昂贵。尽管德·威特看到了系统中的缺陷，但由于当时缺少不同年龄段人的死亡率数据，他对年金利率系统的改善几乎无能为力，而且所做的工作收效甚微。直到1762年，伦敦一家名为“公平”的保险公司才开始根据计算出的风险或概率为保险单进行定价。

上帝或许存在

直到18世纪，概率才成为一个精确的数学概念，并且到了19世纪，人们仍普遍认为概率是一个基于常识的模糊概念。法国数学家皮埃尔-西蒙·拉普拉斯（Pierre-Simon de Laplace）将概率称为“精打细算”。

有趣的是，概率与宗教之间的联系成为18世纪自然神学的主要讨论点。约翰·阿巴思诺特（John Arbuthnot，1667—1735）通过研究1629年至1710年间伦敦的洗礼统计数据，提出了上帝的确存在的证据。他表示，出生的男孩略多于女孩：每当有13个女孩接受洗礼时就有14个男孩接受洗礼，但到了结婚年龄时，男女比例是相同的。如果我们假设生男孩的概率是0.5，那么连续82年每年出生的男孩都比女孩多的概率是0.5^{82}。在世界各地也发现了有更多男性出生的现象，阿巴思诺特认为这是神的旨意的确切证据——上帝建立了完美平衡的社会。（他似乎没有想到，在孩子的成长

帕斯卡的赌注

布莱士·帕斯卡在1657—1658年间写了一篇哲学文章，他在其中描述了怀疑论者应该下的“赌注”。不相信上帝（对帕斯卡来说是基督教的上帝）的惩罚可能是受到永恒的诅咒，但如果上帝不存在，那么相信上帝的代价是微不足道的。

选择相信上帝的人最多可能会放弃一些短暂的快乐，在教会中度过一些徒劳无果的时间。

尽管怀疑论者可能会觉得上帝存在的概率很小，但输掉赌注的代价如此之高，而信仰的代价相对较低，所以相信比不相信更好。

过程中杀死更少的男孩同样可以是“神的旨意”，从而在达到所需男女比例平衡的同时避免父母失去儿女的痛苦。）这一观点得到了人们的普遍采纳和完善。然而，更理性的瑞士数学家尼古拉·伯努利提出：也许男性出生的可能性根本不是0.5，而是0.5169，那么完全不需要神的干预就能产生所需的结果。

做决定

与帕斯卡的赌注一样，可能受概率知识影响的许多决策也受到对预期结果和所谓“边际效应”的更主观认识的影响。想象一下，一个国家的彩票价格为1达卡（18世纪欧洲大部分地区使用的一种硬币），奖品为一百万达卡。对于一个穷人来说，一达卡价值匪浅，但是它的回报也是巨大的；对于有钱人来说，一枚金币并不重要，尽管这笔钱对他来说仍然很有价值。富人比穷人能负担得起更多赌注，但由于富人对奖品的需求较少，他可能不会费心决定是否购买彩票。虽然两者中奖的可能性相等，是否购买彩票的决定却并不相同。

在17世纪50—60年代，是否接种天花疫苗是一个很有争议的话题。接种疫苗时使用的是活天花病毒，在少数情况下会引发天花（后来由牛痘生产的詹纳疫苗是更安全的方法）。天花这种疾病很常见，通常是致命的，

群体免疫

国家疫苗接种计划已完全或几乎根除了某些疾病。例如麻疹，它曾经在西方世界流行，但如今在已接种疫苗的国家中很少见。然而，20世纪90年代对疫苗安全性的担忧导致英国儿童疫苗接种率下降，于是麻疹再次开始流行。当绝大多数人口都具有免疫力时，由于这种疾病无法在接种人群中传播，一些不具免疫力的人就会从“群体免疫”中受益。然而，随着不具免疫力的个体数量的增加，疾病出现的数量也增加到能够在未接种人群中传播的程度。

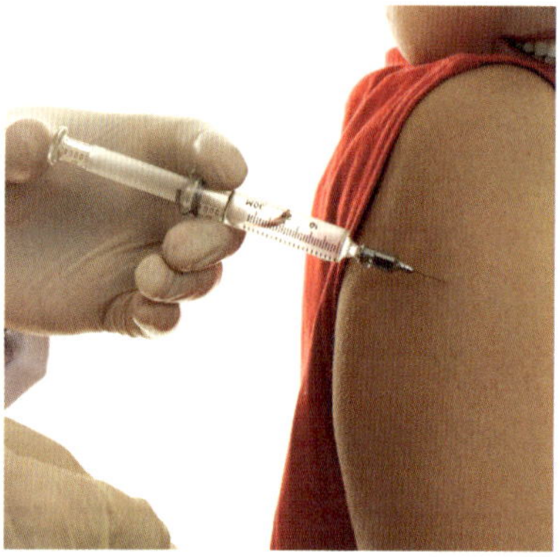

对疫苗的安全性持有怀疑的父母所面临的困境反映了早期人们对天花疫苗的选择。对于整个社会来说，这是一个道德层面的问题：少数人应该通过不接种疫苗避免其带来的（可能的）风险，而依靠其他已接种并承担风险的多数人所带来的“群体免疫”吗？对于数学家和医生而言，存在一个看待角度不同的问题：在人群的安全受到威胁之前，有多少人可以不接种疫苗？

即使不致命，也经常导致终生伤害，例如失明或脑损伤。没有接种疫苗的人在未来某时极有可能染上天花，有$\frac{1}{7}$的概率死亡；选择接种该疫苗的人有很小的概率（未经计算）立即死于接种引起的天花，但除此之外也几乎不会在未来死于天花。丹尼尔·伯努利进行的纯数学计算表明，只有一个明智的选择：接种疫苗。但是法国数学家让·勒朗·达朗贝尔等人认为，比起未来具有安全保障，许多人可能更希望以更舒适的方式活过一两周。（如今许多人偏爱长途飞行带来的直接便捷，而不是选择仍然在地球上可以生存的长期福利。）

独立性

人们不仅会受到边际效应的影响和达朗贝尔所提出的偏爱短期利益的影响，也可能受到迷信的影响，而迷信在统计概率上毫无根据。

想象一下，掷十次硬币，十次都为正面向上的概率是$\frac{1}{2^{10}}$。假设第一次结果是正面向上，那么十次都为正面的概率为$\frac{1}{2^9}$。如果前九次都是正面朝上，那么十次都为正面的概率为$\frac{1}{2}$。

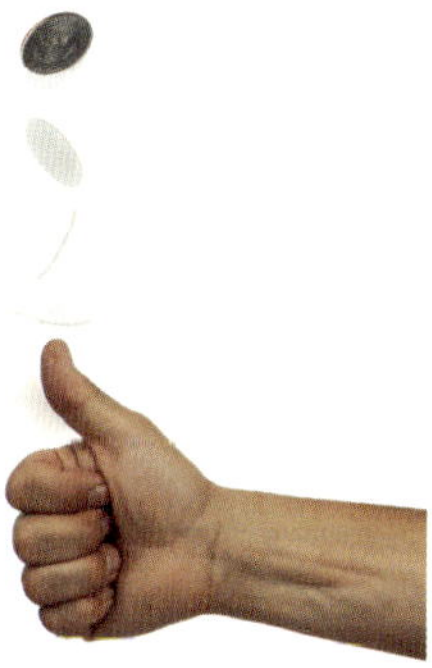

如果这意味着在短期内有所收益，那么人类似乎很乐于用自己的未来作赌注

现在假设你想坐飞机，并且在飞机失事中丧生的概率是百万分之一（这不是真实的概率）。即使你已经安全飞行了1000次，但是这次飞机失事的机会仍然是百万分之一，因为之前航班的状况不会对这次航班造成影响。在这种情况下，事件是独立的；即使已经安全地飞行了999 999次（或一千万次），下一次飞行中死亡的概率仍然是百万分之一。但许多人并不这么认为，他们通常认为如果到目前为止我们一直“幸运”，那么我们的运气就会耗尽。无独有偶，人们每周可能会选择相同的彩票号码，因为他们认为自己的号码迟早会中奖。很少有人会选择数字1、2、3、4、5和6，因为他们（非理性地）认为此组合是最不可能中奖的。这一现象与古人认为数字3有特殊属性，或是将幻方作为护身符的观点没有太大的区别。

相互依存

在选择是否登机时，人们面对的是一个随机事机，即飞机是否会坠毁。在一个人的行为依赖于另一个人的行为，或与另一个人的行为有联系的情况下（比如决定是否给孩子接种疫苗），数学家很难建模。这是通过博弈论解决的，博弈论是由匈牙利裔美籍数学家约翰·冯·诺伊曼（John von Neumann）和德裔美国人奥斯卡·摩根斯坦恩（Oskar Morgenstern）在20世纪40年代发展起来的。

约翰·冯·诺伊曼是普林斯顿高等研究院的成员，该研究院由一群被亲切地称为“半神”的学者组成

博弈论关注的是对经济学的庄严追求，而不是无聊的游戏。摩根斯坦恩和冯·诺伊曼认为，为物理学和其他科学领域开发的数学模型对于涉及经济学和其他涉及人类行为的研究而言是糟糕的工具，因为它们都使各方公正。当人们做出选择时，他们会尽量使自己的利益最大化。他们也会尽量减少对他人的伤害——或者忽视对他人的影响，甚至去冒犯他人。

博弈论考虑了人们在建模中的动机和洞察力，以及许多其他因素。例如，参与者（可能是个人、团体、国家或公司）可能直接竞争，也可能或多或少进行合作；他们可能在争夺有限或无限的资源；他们可能完全掌握所有相关信息，包括其他参与者的行为，也可能只获取了部分信息。不同的博弈论模型能够涵盖上述情形以及其他可能性，通常会得到一个可分析的结果矩阵。

逆向推理

像阿巴思诺特证明上帝存在是从结果到原因的反向推理——结婚的男女人数相等，因此上帝存在。雅可比·伯努利证明了如果事件的概率未知，则只要观察者具有足够的知识和经验，就可以通过实验或观察的结果推断出事件的概率。他举了一个例子，即如果将一枚硬币抛掷足够多次，那么落到正面与反面的比率将更加接近理想情况下的1:1。托马斯·贝叶斯和拉普拉斯独立地用这种方式对概率进行了正式证明，现在被称为贝叶斯定理。拉普拉斯用它来论证太阳明天升起的可能性，让我们获取到过去的6000年里太阳每天都会升起的知识（在1744年，地球的年龄被认为是6000岁）。

拉普拉斯和他同时代的人试图将概率置于道德科学的核心，尽管他们的尝试有些可疑。启蒙哲学家和改革者关心选民和陪审团作出的判决判断的价值——他们会作出正确的决定或者选出最佳候选人吗？

他们认为这是一个概率问题。假设每个陪审员都独立行事（法国陪审团没有进行过审议），并且有超过0.5的概率得出正确的裁决，那么他们就得到了陪审团的最佳规模，以及达到定罪所需的比例。直到19世纪30年代，使用概率来确定陪审团规模和定罪比例的做法一直存在。之后，这个体系变得声名狼藉。拉普拉斯的学生西莫恩·德尼·泊松使用新的统计数据给出了一个更好的模型。

皮埃尔–西蒙·拉普拉斯侯爵

法国科学家与数学家皮埃尔–西蒙·拉普拉斯（Pierre-Simon de Laplace，1749—1827）以其在天文学方面的工作以及将概率应用于科学问题而闻名。他是一个农民的儿子，在博蒙特的一所军事学院学习时，展现了他的数学能力。1766年，他到卡昂大学学习了一年，随后去了巴黎，在让·达朗贝尔的帮助下，于埃科尔军事学院取得了教授职位，并在那里教书到1776年。

拉普拉斯把牛顿的引力理论应用于行星的运动。他完善了现代的太阳系模型，并证明了明显的变化不是累积性的，而是以可预测的周期发生并自行校正的。（艾萨克·牛顿曾说，有时需要神的干预来纠正太阳系！）拉普拉斯是第一个提出太阳系是由大量气体云冷却形成的观点的人。

他对行星运动的解释使他声名鹊起。拉普拉斯担任了法国经度局局长，协助组织公制的开发和引进，并在拿破仑政府中担任过六个星期的内政部长。

但是，在将概率有效地应用于任何领域之前，必须要有可靠的信息。可见，统计和概率是齐头并进的。

样本与统计

如果没有作为决策依据的信息，就只能计算最基本的概率。令人惊讶的是，直到17世纪末，人们才开始意识到收集有关人口和经济的数字信息的真正价值。突然之间，统计数据无处不在，而与之相伴的计算也为社会如何运作提供了新的思路。史无前例地，猜测被排除在计划之外，新兴的统计分析科学有了研究的资料和目标。

人数统计

数千年来，人们一直在不断地通过人口普查来收集该地区人口数量的信息，巴比伦人、古代中国人、古埃及人、古希腊人和古罗马人都进行过人口普查。在基督教传统中，耶稣的父母在他出生之前就去了伯利恒，因为五年一度的人口普查要求罗马帝国的每个人都必须返回自己的出生地进行统计。

统治者可以利用这些早期人口普查中收集的最基本的信息算出可以征收多少税，军队或建筑项目可以招募多少人，以及可以生产或需要多少粮食。在古埃及，每年尼罗河泛滥之后，会重新分配土地。但是，这时期的人口普查仅仅收集了最基本的信息，并没有对人口数据进行其他分析。人口普查数据往往不可靠，例如，如果人们期望根据一所房子里住了多少人来征税，那么可能会漏掉一些人。

1066年，诺曼入侵者征服英国后，征服者威廉对他的新领地进行了彻底的审查，其中包括人口普查和土地上所有财产的清单。这一事件被写进了《末日审判书》一书中——11世纪的一项重大工程，至今仍为历史学家提供珍贵的统计数据。

此后，定期人口普查不再流行。虽然欧洲许多地区的主教都应该对其教区的家庭进行统计，但关于人口水平的信息却很少。有些人甚至认为进行人口普查是亵渎上帝的——《圣经》中有一个故事：大卫王曾尝试进行一次人口普查，但却被一场可怕的瘟疫打断，并再也没有完成。

1666年，加拿大魁北克进行了近代第一次定期人口普查。在欧洲，第一次人口普查是1703年在冰岛进行的，其次在1749年瑞典也进行了人口普查。美国在1790年进行了第一次十年一度的人口普查，只有不到400万居民。英国于1801年进行了第一次人口普查，只有1000万居民（先前的估计是，英国的人口介于800万到1100万之间）。

统计学的兴起

1662年，英国统计学家约翰·格朗特（John Graunt）发布了一组从伦

霍勒里斯根据所有个人数据都可以用数字编码的想法制作了一个机械制表机

人口普查和计算机

人口普查的需求极大地推动了计算技术的发展。1870年使用了第一台用于处理人口普查数据的机器。人口普查数据被转录到一卷纸带上，纸带通过一个小窗口显示出来。1884年，赫尔曼·霍勒里斯（Herman Hollerith，1860—1929）获得了第一项用于在穿孔卡片上存储数据的专利，并存储了巴尔的摩、马里兰州、纽约市和新泽西州的健康记录数据，这使他获得了将1890年人口普查数据制成表格的合同。这次普查的巨大成功为霍勒里斯开辟了其他市场，使他的机器在欧洲和俄罗斯使用。他于1896年成立了制表机械公司，即如今的IBM。

敦死亡记录中提取的统计数据。17世纪80年代，政治经济学家威廉·佩蒂（William Petly）发表了一系列有关“政治算术”的论文，这些论文为计算提供了统计记录（有些计算十分奇怪），例如爱尔兰所有人的资产。总体而言，政府鼓励资助统计调查，并小心翼翼地保护调查结果，或利用它们来增强国家的权力。但是这些调查仍然与迷信密不可分，并遵循非常不科学的方法。普鲁士的约翰·苏斯密尔西是最著名的“政治算术家”之一，他在20多年的时间里出版了三卷著作，直到1765年才结束，再次证明了上帝的存在——由社会统计学的协调性所揭示。

其他的统计数据是由科学家及不同类型的专业人员和人道主义者收集的。的确，人们对统计数据的热情越来越高，在19世纪初期已发展为一种狂热。突然间，所有的东西（天气，农业，人口流动，潮汐，土地，地球磁场……）都被研究、计算、审计。欧洲帝国主义国家对其新获得的土地进行了勘测，并在其殖民地上进行了人口普查。随着美国人向西迁移，他们要求获得更多的土地，并在地图上标示并记录其资源。

社会——犯罪行为的“幕后黑手”

比利时数学家阿道夫·奎特莱（Adolphe Guetelet，1796—1874）是作

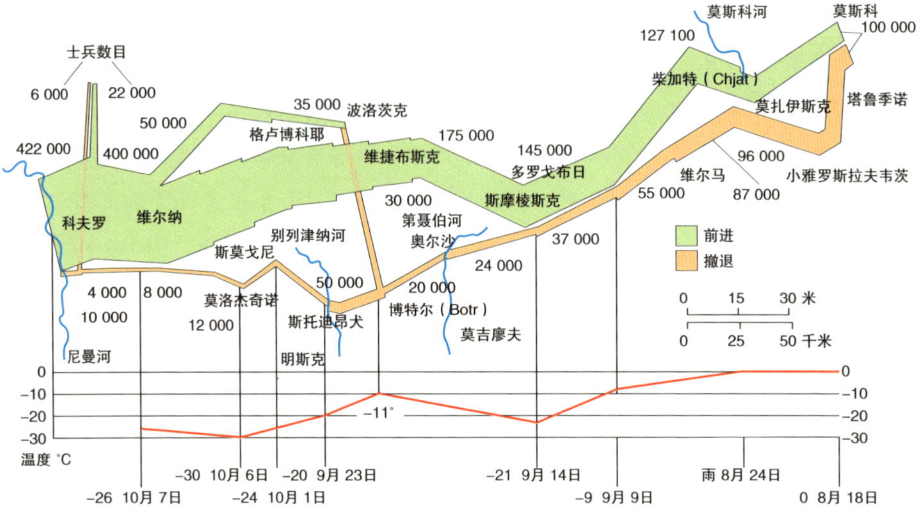

查尔斯·米纳德（Charles Minard）绘制的1812年拿破仑在俄国的重大战役的图表是有史以来最完善的统计图形之一。它展现了往返莫斯科军人的死亡率，并显示死亡率与温度相关。绿线和橙线的宽度代表军队的规模，显示了军队的缩减程度。只有4%的人从战役中归来

为社会研究基础的统计学（他称之为“社会物理学”）的拥护者。他使用科学中一些常用的技术来研究各种数据，如收集大量数据和寻找紧急模式的技术。令他惊讶的是，他发现它们无处不在，而不仅仅在“神的旨意”可能存在的领域区。尤其令他印象深刻的是，犯罪数据遵循一种可预测的模式。他推测犯罪是社会的产物，而不是个人的产物，虽然罪犯个体本身可能抵制犯罪的冲动，但个人犯罪行为对总体犯罪率的影响很小。他认为，对犯罪率的研究比对罪犯的研究更有意义，对犯罪的适当补救措施在于社会行动，包括教育和改进的司法制度。他认为，认真使用统计数据来调查变化的影响并为未来的变化指明方向，将会产生预期的结果。

奎特莱的论文引发了关于统计数据与自由意志主义之间有明显冲突的争论：如果犯罪率可以通过统计方法确定并且一直不变，那么个人在行动上实际拥有多少自由呢？

统计学与科学相遇

令人惊讶的是，直到19世纪中叶，人们才以相同的热情，秉持严谨的态度，把统计学运用于自然科学，就像人们才开始把统计学应用于社会科

弗洛伦斯·南丁格尔

弗洛伦斯·南丁格尔（Florence Nightingale，1820—1910）在英格兰度过了愉快的童年，她的父亲在那里教授她语言、哲学、历史和数学。她声称自己从上帝那里得到一条讯息，成为一名护士是她的使命。她想要参加培训，却遭到了家人的拒绝，于是她转而成为了一名公共卫生专家。她后来又接受了护士培训，在克里米亚战争（1854—1856）期间，被任命为土耳其斯库塔里医院的负责人，为受伤的士兵改良了医疗保健方法。她记下了大量笔记，并在战后根据收集到的统计资料整理了一份详尽的报告。她采用了新颖的图表来呈现信息，例如“玫瑰”图（右上方）。南丁格尔不懈地努力改善英国军队的条件。她在伦敦建立了第一所护士培训学校，即伦敦的南丁格尔护士学校，并奠定了护士的专业基础。

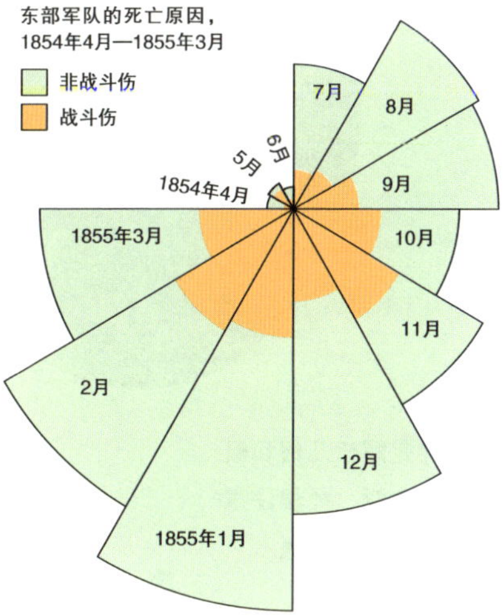

南丁格尔是分析和演示统计数据的先驱。“玫瑰”图的设计是为了使得每个人都能理解

学一样。19世纪70年代，苏格兰物理学家詹姆斯·克拉克·麦克斯韦经常参照社会统计数据解释他的气体理论。从分子大量的随机运动中，他得出了热力学定律——混沌中的秩序。他认为，正如与犯罪或自杀有关的统计

> [统计学家]已经以一种只有阿提拉、穆罕默德和科罗拉多甲虫才能与之匹敌的征服速度，席卷了科学的每一个分支。
>
> ——莫里斯·肯德尔（Maurice Kendall），1942

棣莫弗是解析几何和概率论的先驱，最早注意到了正态分布曲线

数据可以从个人无序的行为中得出恒定的结果一样，从小规模的无法预测的行为中可以提取出可预测的大规模结果。但是在应用统计学之前，它必须发展为一门数学学科。专门用于统计的数学方法于18世纪末开始出现并迅速发展。

统计数学

什么是正态？

亚伯拉罕·棣莫弗（Abraham de Moirre，1667—1754）是第一个注意到正态分布呈钟形曲线特征的人（见下方图）。曲线绘制了相对于值本身的频率或概率。最频繁出现的结果位于曲线顶部，表示平均值；与平均值偏差最大、发生频率最低的结果位于曲线的下臂。曲线的斜率由样本内的变化程度决定。正态分布中约有68%的值在一个标准偏差之内。

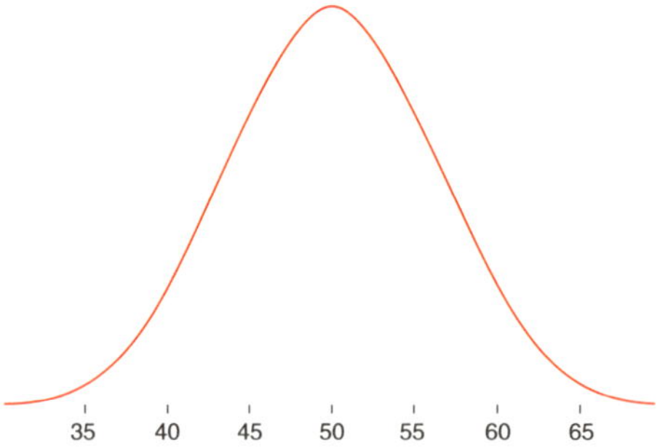

正态分布曲线和标准偏差的概念被广泛用于众多不同领域的统计评估中。拉普拉斯在其概率研究中，特别是将概率应用于大量事件时也使用了该模型。奎特莱认为，从身高等身体特征到结婚或自杀倾向等心理特征，几乎所有人类特征都符合正态分布曲线。

误差处理

19世纪初，涉及统计学的数学方法迅速崛起。为了确定1m的长度（约为赤道的1 / 40 000 000）而测量地球纵向周长，需要采用统计方法来处理大地测量中的误差和不一致性。1805年，法国数学家阿德利昂–玛利·勒让德（Adrien-Marie legendre，1752—1833）提出了一种被称为“最小二乘法”的技巧。他从一个点、一条线或一条曲线上取一些值，使这组观测值的偏差平方和最小。高斯对这种方法极有兴趣，并在1809年证明，如果假设测量误差遵循正态分布，则它可以提供最佳估计。最小二乘法已应用于各个领域的统计，并成为19世纪统计学家的主要工具。它经常被用来从小样本的研究中估计总体。

月球上有一个陨石坑以阿德利昂–玛利·勒让德的名字命名

最小二乘法

最小二乘法通过计算所有点与直线的偏差平方的最小可能之和，计算出通过一组点的最佳直线。平方用于消除处理正偏差和负偏差所带来的计算误差，因为经过平方，正、负偏差都会给出正结果。

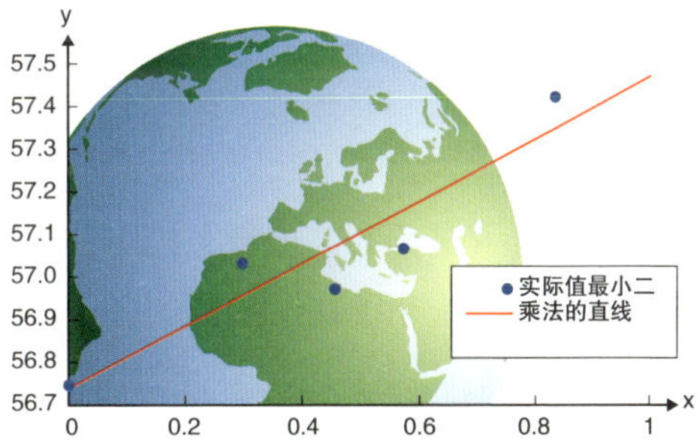

培育完美基因

查尔斯·达尔文（Charles Darwin）的表弟弗朗西斯·高尔顿（Francis Galton）对正态分布和标准差所强调的变化很感兴趣。他使用了一个叫作“高尔顿板”的模型来说明正态分布是如何实现的（见下文图）。一组钉

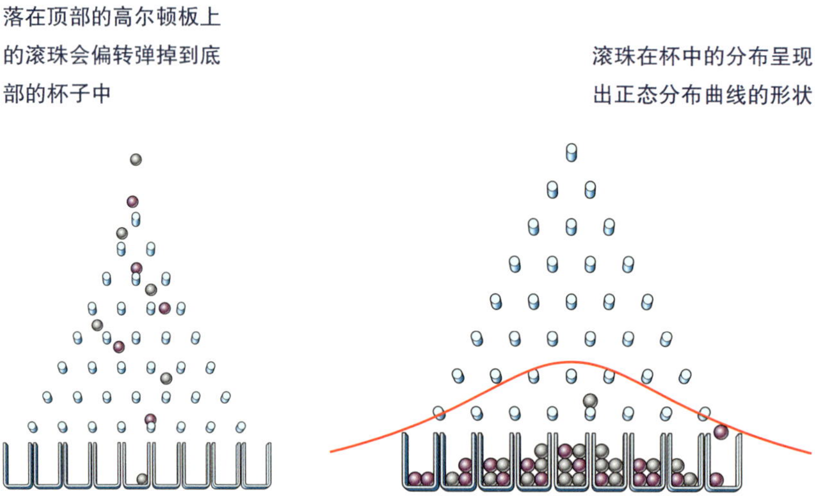

子在一排杯子上方排列成三角形，从三角形顶部落下的滚珠通过钉子弹跳下来，落入杯中。少数掉落到边缘的杯中，但大多数滚珠掉入中间的杯子，形成正态分布曲线。

高尔顿将统计学的思想应用到遗传上，以说明变异是如何产生的及生物体的后代如何趋于恢复到相似的变异水平上。

因此，虽然杰出父母的子女总体上倾向于普通的人群，但是这些子女本身至少在某些方面是杰出的。高尔顿把他的研究引向了一个令人震惊的方向，他成为了优生学运动的创始人，优生学旨在引导人类进化走向完美。他想以育种家在农场动物和作物中选择最佳品种的方式培育出“优良基因”。

尽管最初高尔顿主要对遗传学和遗传感兴趣，但他认识到他的统计方法可以应用于其他领域，并强调了他开发工具的适应性。

随机取样

统计学的发展旨在使小样本数据中的信息可以外延或应用于更大的样本中。例如，研究人员希望通过确定一个人类样本中的犯罪率、结婚率或遗传病发病率，得出关于全人类相应数据的结论。当然，任何统计调查的结果都取决于所测样本的质量。挪威中央统计局局长凯尔（A. N. Kiaer）的目标是抽取涵盖人口中所有代表性的样本，如老年人和年轻人、富人和穷人。英国统计学家亚瑟·鲍利（Arthur Bowley）是最早尝试将随机性引入

> 宇宙中没有任何东西是独一无二的，因此在其他地方，一定有不同部落的人和不同种类的野兽居住在其他大地上。
>
> ——卢克莱修（Lucretius），公元前50

抽样的人。波兰统计学家耶日·内曼（Jerzy Neyman）于1934年将这两个问题结合起来，试图确保样本中包含主要变量的代表样本，但其包含的个体应该是随机选择的。分层抽样技术的第一次成功实现是在1936年，当时乔治·盖洛普（George Gallup）的民意调查预测富兰克林·罗斯福将在美国连任，而一个更大的、未经分层的样本却自信地（并且错误地）预测了相反的结果。盖洛普仅抽取了3000名选民，而对立的民意测验机构《文粹》（*Literary Digest*）则对1 000万人进行了抽样调查。这次大选的结果是罗斯福以美国历史上最大的压倒性胜利连任。这表明了大样本不能保证选取的样本具有代表性，也不能保证可以产生准确的结果。

1936年，富兰克林·罗斯福以压倒性的优势连任，对盖洛普来说并不奇怪，因为他曾用分层抽样的方法预测到了这样的结果

实验设计与统计工具的发展密切相关。20世纪初期，标准程序是：使用对照组与实验组进行比较，并将个体随机分配到对照组或实验组中。特别是，英国遗传学家和统计学家罗纳德·艾尔默·费舍尔（Ronald Aylmer Fisher，1890—1962）爵士在第二次世界大战后的几年中，重塑了心理学、医学和生态学等许多领域的实验设计。他开始了遗传学研究，在该研究中，他使用统计分析来调和达尔文进化论中的矛盾，这种矛盾是由奥地利植物学家格雷尔·孟德尔（Gregor Mendel）在遗传实验中提出的。费舍尔发明了一种方法，这种方法现在看来非常浅显易懂，即一次实验只改变实验中的一种条件，然后将结果与对照组进行比较。尽管早期的实验人员在某种程度上已经做到了这一点，但是在涉及人类受试者的情况下，这是不道德的，因此以前没有严格使用对照组并将个体随机分配给对照组及实验组。费舍尔还主张重复实验，观察结果的变

随机性的困难

人们不仅仅在抽样中积极地寻求随机性——在高风险的博弈中，必须确保那些随机发生的事件实际上就是随机的，密码学也需要随机生成的数字。随机性的实现比起初看起来要难得多，正如混沌理论所表明的那样，许多看起来随机的事件实际上并不随机，而是由复杂的定律和大量变量决定的。

大型博彩企业（例如国家彩票）用来挑选号码的系统经过了精心的设计，以尽可能消除选择方法上的所有偏差。用计算机算法来挑选随机数是非常困难的，因此大多数彩票都使用机械方法代替。（它们还有一个优点，就是看起来比电脑更壮观。）能够产生真正随机数的计算机是使用诸如大气噪声的物理源（例如www.random.org）来生成随机数的。

化，以确定误差范围。费舍尔是20世纪最有影响力的统计学家，在极具影响力的《统计方法和科学推断》（1956）一书中，总结了他的发现。他最重要的成果之一是方差分析（简称ANOVA），该分析着眼于样本中与正常值不同的点。它用于评估结果是否具有统计意义，即结果是否可能反映真实的趋势、变化或原因，或者结果是否可能是偶然产生的。

没有比生活在盖洛普民意调查制造的这种变化无常的气氛中更危险的事了。这个调查总在探问人们的情绪。

——温斯顿·丘吉尔（Winston Churchill）

由鲍勃·门德（Bob Mende）在1996年开发的拉瓦兰（lavarand）随机数发生器使用计算机程序产生随机数，该程序植入了熔岩灯产生的图案的数码照片

计算机化

随着计算机的广泛使用，对大数据进行计算变得更加容易。早期的统计学家的工作很艰巨，他们需要手工计算每个

SETI@HOME

SETI（搜寻地外文明）项目不断地从太空中收集无线电数据，并开始寻找激光脉冲。其宗旨是“探索、理解和解释宇宙中生命的起源、性质和普遍性”。SETI的任务是检查不断增长的数据集，寻找可能表明有意进行无线电传输的模式。为此，它要求世界各地的志愿者安装一个屏幕保护程序，该屏幕保护程序可通过互联网从SETI导入数据块，并在不使用计算机时在计算机上对数据集进行处理。通过这种方式，SETI利用了全球个人电脑上数百万小时的空闲时间。每台PC将其结果返回给SETI，并标记任何可能的模式以供进一步研究。与使用专用计算机进行管理相比，统计分析中的一项难以想象的大任务正在以极低的成本和更快的速度完成。

SETI方程

德雷克方程（1961）被认为是计算银河系中可能存在智慧生命的可能行星数量的一种方法：

$$N=R^{*}\times fp\times ne\times fl\times fi\times fc\times L$$

其中：

N=银河系内可能与我们通信的文明数目

R^{*}=适宜智慧生命发展的恒星形成速率

fp=拥有行星的恒星占恒星总数的比例

ne=每个恒星系中具有适合生命出现的行星数目

fl=实际出现生命的合适行星的比例

fi=出现智慧生命的生命行星的比例

fc=智慧文明掌握向外太空发射信号的比例

L=智慧生命能够摸索向外太空发射信号的时长

寻找生命迹象：美国新墨西哥州“超大阵列天文台”的无线电天线

英国数学家约翰·康威的《生命游戏》通过模拟“生物体社会”中的生、死和变化，迅速受到追捧

数据点，而现代的统计学家可以将所有数据直接输入计算机，之后的工作交给计算机，通过使用统计工具提供分析和图表。通常，计算机甚至直接从传感器收集数据。我们现在可以处理庞大的数据集，而如果没有计算机，这些数据可能永远都无法得到处理。这意味着统计分析可以应用于生活的所有领域，确定行为模式并预测结果。这些领域包括早期教育对犯罪率的影响、流行病传播的可能性以及全球变暖的影响。

约翰·康威（John Conway）的《生命游戏》（*Game of Life*，1970）是一个著名的关于初始条件重要性的例证。其中提出了元胞自动机——一种对进化中的种群或宇宙的计算机模拟。在这种模拟中，初始有机体或自动机进行自我复制，根据各种条件（例如过度拥挤、资源匮乏等）可能会成功或失败。康威创建它是为了回应约翰·冯·诺伊曼在20世纪40年代提出的有关建造一台可以自我复制的机器的问题。《生命游戏》不是通常意义上的游戏，因为在这场游戏里没有活跃的玩家。

在发起者设定初始条件后，游戏开始运行，根据初始条件的结果产生繁衍或灭亡的世代。尽管游戏最初只是在网络中使用一群彩色方块，但它催生了整个计算机模拟游戏行业的发展，其中一些非常复杂，可以产生生物或其他实体的群体。人们从康威的游戏中发展出来的对元胞自动机的兴趣已经在众多领域得到了应用，包括对人类、动物和病毒种群，晶体生长，经济问题以及许多其他复杂模式有机发展的领域。

继续前进

在过去一百年左右的时间里，有关统计的许多工作导致了以非常复杂

的方式对数据组或数据集进行分析。集合的行为（无论是数字还是其他形式）是集合论的主题，该理论最早发展于19世纪下半叶。集合论的出现是数学史上最重要的发展之一。

第 8 章

数字之殒

对从人群、实验和其他来源中收集到的数据进行分析引向了对一种模式的搜寻，这种模式可以用来对事物分组分类。这么做的自然结果就是将事物分成不同集合，然后比较它们。宇宙万物都可以通过它们在集合中的关系来定义。

集合之间的关系为研究对象给出了更多的信息。当数学家在19世纪末研究集合论时，他们发现了丰富的矿脉，这提供了可以解决一切事情的方法。

随着集合论的发展，它建立起一种属于自己的逻辑语言，但最终却被反噬。集合论的运用，似乎是为了探索数学、去证明数学定理甚至剖析集合论本身。它让数学能够涵盖一切事物，然而也让数学变得如此抽象和深奥，以至于看起来什么事情也没解决。

SETI的目标是确定一个存在生命的行星

集合论

在人类开始计算数字的历史之初，人们可能会比较不同的对象：是否有足够的长矛供猎人各拿一支？羊圈里的羊比理货堆中的小石子多还是少？随着人类的需求日趋复杂，数学从这些对象中脱离出来，发展出了可以普遍应用的数字概念。几千年后的今天，一些数学家们的研究又回到了集合中，但他们有了新的见解——无穷集合的可能性。

集合论的起源

集合论是乔治·康托尔（Georg Cantor）在1874—1879年间发展起来的。他将集合定义为：特定的、可区分的“可感知或可认识的对象”聚集而成的整体。所以，正整数集本身可以被视为一个对象，而消防员的集合、形成碳氢化合物的分子结构的集合等亦是同理。尽管基本原理极其简单，但是关于集合的逻辑思考很快引出了复杂的概念，并模糊了数学和哲学之间的界限。早期批评家认为集合论只涉及虚构的对象，而不涉及任何现实中的事物，这违反了宗教的原则，这不是数学。事实上，集合论作为纯数学的一个分支，似乎在日常生活中没有什么应用。然而，事实证明，它在处理复杂的数学概念方面是极有价值的。集合论本身可以通过将集合的逻辑应用到它的概念中去进行定义、分析和完善。

初识集合

集合的基本概念非常简单。任何一组物体或数字，无论它们是否真实存在，都可以构成一个集合。一个集合中的任何元素都可以是其他集合中的元素，这就是集合重叠，并且有些集合可以包含其他集合（子集）。集

集合论受到的抨击

对康托尔提出的集合论的抨击包括：它是一种“严重疾病”，会感染数学（庞加莱）；它是“可笑”和“错误”的“完全无稽之谈”，数学会“被集合论的恶毒的习语贯穿”（维特根斯坦）；康托尔是“科学骗子”“叛徒”和“青年的腐蚀者”（克罗内克）。

乔治·费迪南德·路德维希·菲利普·康托尔

乔治·康托尔（Georg Cantor，1845—1919）是德国数学家，以集合论的创造者而闻名。他的父母是丹麦人，1856年定居在法兰克福。他的数学天赋在其十几岁的时候就显现出来了。康托尔后来去了柏林大学和苏黎世大学学习数学、哲学和物理学。他的老师是魏尔斯特拉斯，他在分析数学方面的著作给康托尔留下了深刻的印象。康托尔的博士学位论文是在一个学期后提交的，标题为“数学：提问比解决问题更有价值”。1879年，他成为哈雷大学的教授。

康托尔首先研究数论，然后转向三角级数论的研究，并推广了波恩哈德·黎曼的工作。在度蜜月期间，他遇到了理查德·戴德金（Richard Dedeking，1831—1916），之后两人成为终身朋友。在他们的书信交流中，康托尔完成了他最重要的工作——确定了集合和超限数的概念。他面临来自利奥波德·克罗内克（Leopold Kronecker，1823—1891）相当大的反对意见，克罗内克也阻碍了他在大学里的发展。克罗内克曾是康托尔的导师，但现在他认为康托尔的工作毫无意义，他所写的超限数根本就不存在。反对的声音也来自教会，他们认为康托尔的作品挑战了上帝独一无二的权威。这种反对使得后来的康托尔对年轻的学者充满同情，康托尔帮助并鼓励他们直面根深蒂固的制度。

康托尔的著作将集合论确立为数学的一个分支，为20世纪数学的许多发展奠定了基础。

的元素，这就是集合重叠，并且有些集合可以包含其他集合（子集）。集合可以具有无穷个元素，此时，它是一个无穷集合。

集合的算术并不完全等同于数字的算术。如果两个集合相加（称为集合的并集），那么新集合将包括两个集合中没有重复的所有元素。两个集合的交集包括两个集合中共同的元素。没有任何元素的集合是一个空集，

从逻辑上讲，现在人们已经知道从一个单一的来源，即从集合论中可以推导出已知的所有数学论证。

——尼古拉·布尔巴基（Nicolas Bourbaki），1939

伯特兰·罗素

伯特兰·罗素（Bertrand Russell，1872—1970）是英国数学家和哲学家，出生于一个贵族家庭。他六岁时成为孤儿，由祖母抚养长大，并接受与其他孩子隔绝的家庭教育。他曾在剑桥大学三一学院攻读数学，但不久后又转为攻读哲学。他的许多哲学著作都是有关数学的哲学。

他受到了魏尔斯特拉斯、戴德金、康托尔的影响，他们都希望为数学提供正式的逻辑基础。罗素试图在《数学原理》（*Principia Mathematic*）中证明数学就是逻辑。但是，他发现了一个悖论：一个理发师说他给所有不刮胡子的人刮胡子。那么谁给这位理发师刮胡子？他只能通过重新定义逻辑基础来解决这个悖论。逻辑学家们找到了不同的方法，通过调整集合论来处理这个悖论，这些方法试图使集合的定义更加严格和精确。

用∅表示。

通常，集合中元素的顺序无关紧要。因此，虽然坐标（x，y）和（y，x）不相同，但集合 $\{x, y\}$ 和 $\{y, x\}$ 却是相同的。

康托尔对集合的定义是：集合是将任何类型的元素归为一个整体，每个元素也保留了自己的性质。对于任意元素x，它与集合

A的关系始终是它是集合A中的元素或不是A中的元素，用$x \in A$或$x \notin A$表示。当且仅当x满足集合元素公式$S(x)$的定义时，$x \in A$才为真，这是抽象原理。集合是由其元素决定的，这是外延性原理。集合中元素的数量称为集合的基数，比如集合｛4,5,6｝的基数为3。集合A的基数记为$|A|$。有限集合的任何真子集的基数都小于原集合的基数。如果我们假设“所有汽车”为一个集合，那么显然“红色汽车”这个子集中的元素更少。

再次讨论无穷

等价的概念——如果两个集合具有相同数量的元素，则称这两个集合是等价的——不取决于集合是否是有限的。因此，正整数集和负整数集虽然是无穷的，但是它们是等价的集合，因为每一个负整数都有唯一一个正整数与之对应，且每一个正整数都有唯一一个负整数与之对应。正如康托尔很快意识到的（包括伽利略在内的其他人在之前意识到的一样），每个自然数都可以平方，而自然数集是无穷集，那么自然数的平方的集合也会是无穷集。然而，平方集是自然数集的子集。伽利略在1638年得到结论：“等于”“大于”和“小于”的概念并不适用于无穷。但是，康托尔提出了超限数的概念，它可以识别无穷大的不同大小。

公理集合论的发展

对集合论核心悖论的讨论，促成了公理集合论的发展。它旨在通过发展公理来形成集合论的基本法则，就像欧几里得公理是三角学的基本法则一样。已经有学者提出了几组相互矛盾的公理，这些公理太复杂了，无法在这里介绍。公理的基本准则是：

- 相容性，即两个互相矛盾的命题不能同时为真。
- 合理性，即公理应符合集合的一般性质。
- 能够得到康托尔集合论的结论。

公理集合论和康托尔集合论（朴素集合论）相比，与现实世界相距更远，因为它不需要知道所讨论的集合是什么。它仅以一种模糊的方式关注集合及其属性之间的关系，这为那些少数仍主张用集合论对不存在的东西进行处理的数学家们提供了动力。

集合论影响了20世纪数学的众多领域，但其仍处于动荡之中。对可接受公理的探索让我们回想起几何学家在试图为非欧几何寻找新模型和规则时所面临的困难。到目前为止，还有很长的路要走。

陷入迷潭

集合论的核心就是研究一个对象是否是某个集合中的元素，这是明显简单的规则。伊索寓言中的龟兔赛跑，就像芝诺悖论里的阿喀琉斯和乌龟一样：让跑得快和跑得慢的选手在比赛中同时竞争。

野兔和乌龟都是“动物”这一集合中的元素。野兔是“哺乳动物”子集的元素；乌龟是“爬行动物”子集的元素。现在假设有一组“跑得快的动物”。我们可以说野兔是这一集合里的元素，但乌龟不是。但是，这是一个主观判断，对于一些其他的动物来说，主观判断比较困难。比如：狗是跑得快的动物吗？那蛇呢？长颈鹿呢？我们可能会说它们的运动速度有些快，或者相当快。但是，对于集合元素运动速度的判断是二元的：动物跑得要么快要么不快。这显然是有问题的，因为它需要一个不一定令人满意的绝对的分界点。如果我们说某一动物以每小时15英里的速度奔跑是快的，那么另一动物以每小时14.95英里的速度奔跑就不快了吗？这种区分方法开始显得有些可笑了。

满足不精确问题的需求

亚里士多德确认了“排中律”的问题：某些对象和集合的隶属关系不是非此即彼（例如，运动速度有点快的动物）。但是数学无法处理这种不确定的问题，直到20世纪，中间状态的研究仍被排除在数学之外。伯特兰·罗素在他的“理发师悖论”中，再次强调了这个问题，表明这是集合论中的一个矛盾。

20世纪20年代，波兰逻辑学家扬·卢卡西维茨（Jan Lukasicwicz）提出了多值逻辑原理：语句可以采用介于1（完全正确）和0（完全错误）之间的部分真值。1937年，哲学家马克斯·布莱克（Max Black）将多值逻辑应用于对象集，并绘制了第一条“模糊”集合曲线。他称这些集合是“模糊”的。

基于这些研究，美国数学家洛菲·扎德（Lotfi Zadeh）在1965年提出了模糊逻辑和模糊集的概念。这提供了一种处理不精确值和类别的方法。但关于模糊理论的有效性和性质存在一些争议。一些数学家认为它是概率论的一种变体，可以称之为可能性理论。其他人则认为概率是可能性理论中的特例，但它的确定性可以应用。

模糊集合中的计数

计数和测量之间的区别解决了那些不完全属于一组或另一组的事物的问题。模糊集合可以解决那些隶属关系不是明确的、不是非此即彼的对象。这些集合的对象可以具有介于1（完全正确）和0（完全错误）之间的真值。因此，我们可以说在一组跑得快的动物中，猎豹的隶属度为1，阿喀琉斯的隶属度为0.5，乌龟的隶属度为0.1。完全不动的东西（例如藤壶）的隶属度为0，并且不属于这个集合。

模糊理论利用了诸如“有点”“相当”和“非常”之类的语言区别。因此，一个动物可能跑得非常快，或者相当快。如果将隶属度为0.6的动物称为跑得“相当快”，那么隶属度为0.8的动物就可称为跑得“非常快”。模糊性不是指不确定性，而是指类别之间模糊的界限。

模糊集合可能会重叠。隶属度为0.2的“跑得快的动物”的集合中的成员可以也是隶属度为0.8的“跑得慢的动物”这一集合中的成员。通过联立来自多个集合的隶属度，与传统的二元隶属关系相比，可以获得更好地描

仙台地铁

1988年，日立公司开发了一种模糊逻辑系统来运行日本仙台的地铁。火车只需要一名售票员，无需司机。模糊逻辑系统控制加速度、巡航速度和刹车，还考虑了安全性、舒适性、燃油效率和在目标位置（站台）准确停车的需求。

述某种情况或对象的有用信息。

模糊集合的使用

模糊逻辑是模糊集合在作出决策和计算机程序中的应用。在许多工程控制系统的应用中，它被近似为人的判断并使设备的操作适应当时的情况。它通常用于消费类电子产品、家用电器和车辆。例如，数码相机通过使用传感器来确定聚焦视图中的光线水平以及确定摄影师可能关注的物体（通过检测对象的边缘），然后适当地调整焦距和曝光。又如，洗衣机可根据洗涤量和洗涤程度确定最佳的洗涤周期。它可以计算出肥皂和水的最佳量、最佳温度和所需的洗涤时间。第一个由模糊逻辑控制的系统是易卜拉欣·曼达尼（Ebrahim Mamdani）和塞托·阿西利安（Seto Assilian）于20世纪70年代初期在伦敦大学玛丽女王学院创建的。他们编写了一套启发式规则来控制小型蒸汽机和锅炉的操作，然后使用模糊集合将规则转换为控制系统的算法。模糊系统的首次商业应用是在1980年管理丹麦哥本哈根的一家水泥厂。20世纪80年代，尤其是在日本，模糊逻辑的探索和应用得以大量增加。

模糊逻辑不仅用于操纵机器，还用于专家系统、人工智能以及语音识别和图像处理软件等应用中。它试图通过近似人的判断力来最小化系统中所需的人类干预。为此，需要专家来建立判断所依据的规则，智能系统可以通过操作员对系统选择设置的调整来改进自己。例如，在诊断医学中，模糊系统可以查看患者报告或监控患者所有症状，根据症状的出现程度来评估不同诊断的可能性，之后，将确认或否认的诊断反馈到系统中，以改善其未来的性能。

集合（模糊集合和经典集合）在20世纪和21世纪重新定义了数学。在某种程度上，它们使数学脱离了现实世界。高等集合论处理的不是现实中的数字或对象，而是概念和概念之间的关系。然而，为了适应现实世界的不精确性和偶然性，集合论像分形一样承认了现实世界的“粗糙性”，并提供了比早期数学更准确（或者说是更复杂）的现实模型。

继续前进

集合论适用于与数字相去甚远的数学。因此，它变得越来越依赖于逻辑学。尽管逻辑学似乎从一开始就一直是数学的核心（毕竟，欧几里得试图通过一系列逻辑步骤来推导所有的几何学），但是直到19世纪，逻辑学的应用既不严谨也不仔细。事实证明，集合论可以应用于为发展数学奠定坚实基础所需的逻辑。

第9章

证明之术

原则上，数学中的一切只有经过证明才能被接受为定理。即使是最显而易见的“事实”也不能被认定为定理，除非数学家能给出严格的证明。仅仅把一个苹果和另一个苹果放在一起来证明一加一等于二是不充分的：必须证明1加1总是能够等于2，而不存在等于1、0、3或者1.7453的情况。

通常，证明一件事要比发现它并认定基本正确要困难得多。有时，证明一个定理需要几个世纪的时间，就像费马大定理那样。而正是有了证明才定义了一个定理——它必须能够利用一系列公理和其他已建立的定理通过逻辑推理来证明它的正确性。

太阳一直以来都升起，并不能证明它明天还会升起

问题与证明

雅各布·伯努利（Jakob Bernoulli）花费20年的时间证明了多次抛掷硬币得到正面和反面的比例接近50:50。但正如他指出的那样，这个结果对任何人而言都是显而易见的。那伯努利为什么要为这个问题浪费时间呢？为什么解决这个问题要花这么久？

> 我对每一个问题的解法变成了以后解决其他问题的法则。
>
> ——勒内·笛卡尔（René Descartes）

尽管古埃及人和巴比伦人都乐于处理具体的例子和问题，但古希腊人却倾向于研究可以普遍应用的定理和公理（它们需要证明）。如果要证明一个想法是正确的，就需要某种逻辑理论上的处理，因为我们不可能取遍所有可能的情况，例如，对所有的直角三角形检验毕达哥拉斯定理。

证明的目的是发现数学表述与对象之间的有效关系。因此，即使是那些在过去已经被充分证明的定理（如毕达哥拉斯定理），也可能会被重新证明，从而为定理的证明探索开辟新的途径。随着时间的流逝，更简单的证明会被提出，可以代替早期的通常很麻烦的证明。

许多数学上的发展是人们检验和试图证明定理和公理，甚至怀疑长期存在的信仰的结果。例如，围绕欧几里得第五公设的争论是几何学上众多进展的推动力，并最终促成了19世纪新的非欧几何学的出现。

19世纪末，当数学和逻辑学结合在一起时，提高了数学证明的严密性。数学家和一些哲学家开始使用逻辑的系统符号。集合论的发展需要一种表示逻辑关系和一种处理概念的方法，这些概念不一定涉及任何数字。集合论甚至成为证明数学定理的有用方法。

> 没有人会因为新定理首次证明的困难而去怪数学家。
>
> ——保罗·埃尔多斯（Paul Erdös）

难以置信的证明

蒙提·霍尔（Monty Hall）悖论是一个著名的问题，它提出了许多人难以接受的证明。这个悖论以美国游戏节目主持人的名字命名，内容是这样的：

假设一位游戏节目主持人向你展示了三扇门，其中两扇门后面是山羊，另外一扇门后面是汽车。主持人会邀请你选择一扇门。然后，他打开了一扇门，露出一只山羊。此时，给你提供改变选择的机会。换门是否会增加你得到车的机会？（假设相比于羊更倾向于得到汽车。）

大多数人说，如果他们换门，得到车的机会不会受到影响。数学家说，如果改变选择，得到车的机会就会增加：我们有$\frac{1}{3}$的机会得到汽车，而这不受另一扇门打开的影响；你选对的机会仍然是$\frac{1}{3}$。如果换门，那么你就做出了新的选择，概率是$\frac{2}{3}$。改变选择将使你有67%的概率得到汽车，但不改变选择的话，就只有33%的概率得到汽车。如果你想象1000扇门，其中999扇后面都是山羊，那么逻辑就容易理解了。你第一次选择时，选到汽车的机会是千分之一。在释放998只山羊之后，剩下的门中都有$\frac{1}{2}$的概率选到汽车。

一个显而易见的反对意见是，最初的门后面是汽车的可能性也必须是$\frac{1}{2}$，因为概率加起来为1。但问题并不像它看起来的那样，此时做的选择是随机的，但游戏主持人知道这辆车在哪里。如果主持人随机地打开门，巧合地选到那些后面是山羊的门，那么无论你是否开门，最后找到汽车的机会与找到山羊的机会都相同。

这个问题的证明使用数学符号来表示概率，并将其分解为一些小的逻辑步骤，这些步骤自然彼此遵循。这就是数学家现在证明定理的方式。但事实并非总是如此。

早期的证明

已知的最早的数学证明据说是泰勒斯给出的。传统观点认为，泰勒斯证明了：等腰三角形底角的角度相等；直径将一个圆分成两个相等的部分；两个相交线形成的对顶角的角度相等；两个三角形如果有两个角和一

关于1=2的演绎证明

假设$a=b$，则可得到

$a^2=ab$

$a^2+a^2=a^2+ab$

$2a^2=a^2+ab$

$2a^2-2ab=a^2+ab-2ab$

$2a^2-2ab=a^2-ab$

这个式子也可以被改写成

$2(a^2-ab)=1(a^2-ab)$

等式两边同时消去a^2-ab，得到2=1。

条边相等，那么这两个三角形全等。由于泰勒斯的著作都没有保存下来，因此很难说他是否真正地为这些定理提供了严格的证明。大约五十年后，毕达哥拉斯可能证明了以他的名字命名的涉及直角三角形的定理。

自泰勒斯和毕达哥拉斯时代起，数学证明的基础就是从看起来很简单（尽管实际上可能并不简单）的事实中得出更复杂的陈述。一般来说，几何学中的任何命题都可以从欧几里得公设中以清晰合理的逻辑步骤证明。但这并不意味着一个新的想法是先从现有的事实中推断出来的。数学家通常先有想法（或许是一种直觉，也可能是实验或探索结果所暗示的那样），然后转向用已知的事实对其进行证明。有时，在寻找证明的尝试中否定了新理论；有时，证明的过程是一个棘手的问题，有可能在数百年间定理仍然得不到证明。

演绎证明

演绎证明是一步步从已知的定理推导出新的定理。例如，如果我们说“人类是哺乳动物”和“彼得是人类”，那我们就可以说“彼得是哺乳动物”。但是，即使最初的陈述是真实的，如果推理无效，那么推论也不是完全可靠的。比如，如果彼得是狗或仓鼠或任何其他哺乳动物，第一个陈述也将是正确的。古希腊人和中世纪数学家广泛使用演绎证明，而巴门尼德被认为是第一个在公元前5世纪就使用该方法的人。只要推理足够严格，现代数学家就接受演绎证明。

间接证明

间接证明是另一种证明方法，也起源于古希腊，但后来人们又对它进行了更为严格的改进。间接证明有几种类型，包括反证法和归谬法。反证法旨在通过证明命题的反面不正确来证明原命题是正确的。归谬法失假定一个命题为真，再由此推导出荒谬的结论，从而证明陈述正确。喜帕恰斯（Hipassus）关于无理数存在的证明是间接证明，也是最早的间接证明。

归纳证明

阿拉伯数学家遵循的希腊证明模式，在中世纪被早期的欧洲学者所继承。1575年，一个新的证明模式出现了，在《算术》（*Aritbmeticoram Libri Duo*）一书中，弗朗西斯科·莫利科（Francesco Maurolico，1494—1575）给出了数学归纳法的早期描述。这种方法的一些方面可以在巴斯卡拉（Bhaskara）和凯拉吉（al-Karaji，约公元1000年）的早期作品中找到。莱维·本·热尔松（Levi ben Gerson，1288—1344）、雅可比·伯努利、布莱士·帕斯卡和皮埃尔·德·费马都独立发展过归纳证明。

归纳证明的工作原理是，首先证明假设对第一个值（通常为$n=1$）成立，然后证明如果对任何后续值（$n=m$）成立，则对$n=m+1$也必然成立。因

所有马具有相同的颜色

匈牙利数学家乔治·波利亚（George Pólya，1887—1985）通过归纳法证明了所有马都具有相同的颜色。一匹马（$n=1$）的情况很明显：一匹马只能与它本身具有相同的颜色。现在假设该理论对于n（$n=m$）匹马是正确的。有一组m匹颜色相同的马（$1,2,3,\cdots,m$）。还有第二组$m+1$匹马（$1,2,3,\cdots,m+1$）。从后一组中取出一匹马，这样第二组马包含了马$2,3,\cdots,m+1$，两组重叠。第二组是m匹马，我们知道是一组颜色相同的马。通过归纳原理，可以对所有其他马继续进行此操作，因此所有马的颜色相同。

当然，该证明无效，因为陈述不正确。关键点是，当$n=2$时，该陈述不成立：对于该值，集合不重叠（第一个仅包含马1，第二个仅包含马2）。

为它在n=1时成立，所以在n=2、n=3时成立，以此类推——也就是说，对于n的所有值都成立。

它有点像一排多米诺骨牌，间距相等地排列。这样，如果一个多米诺骨牌倒下，就会把下一个撞倒，那么它们都将不可避免地倒下。

莫罗利科用归纳法证明了前n个奇数的和是n^2:

$1+3+5+7+9+\cdots+(2n-1)=n^2$

问题的提出

随着微积分、复数和后来的非欧几何的出现，人们对证明的要求越来越高。

伯克利反对微积分处理“量的灵魂”。这不仅在定义数量和数学家所使用的概念方面，而且在提供证明方面，都是更严格的鞭策。

但是到了19世纪，随着新的逻辑方法的发展，数学证明领域出现了一场伟大的革命，人们第一次尝试将形式逻辑应用于数学。这需要重新评估数学的基础，并将数学和哲学联系在一起。近来的发现使得长期被接受的真理受到质疑，这令数学家们感到不安，他们寻求新的证据，甚至质疑支撑他们学科的最基本的思想。突然间，没有什么是理所当然的。

无知等于智慧

1945年，一个八年级的男孩参加了苏联的数学奥林匹克竞赛，赢得了一等奖，尽管他甚至没有试图解决一个问题。该奖项授予给他是因为他提交的关于那个未完成的证明的评论：

“我花了很长的时间尝试证明一条直线不能同时与三角形三边相交于三边线段以内，但是失败了，让我惊讶的是，我意识到我并不知道直线是什么。”

讲求逻辑

19世纪末20世纪初，逻辑学在数学中的应用引起了一阵兴趣。或者更确切地说，是从逻辑学中推导数学。它的出现很大程度上是由于数学及其应用的迅速变化，以及对其严密性和有效性的批判。

数学证明只是自古希腊时代以来就发展壮大的逻辑学大主题中的一部分。关于逻辑学的最早的严谨作家柏拉图死于公元前347年或前348年。

柏拉图以哲学家之间对话或交谈的方式呈现他的哲学著作。把每个参与者提出的论点看成是一系列的陈述，然后对手反驳，接着为自己辩护。随着主题被严格控制，论证变得越来越复杂。这种方法——称为辩证法——形成了逻辑辩论的模式，一直延续到中世纪。尽管逻辑学是中世纪学者的主要关注点，但他们并没有想到将其应用于数学之中。人们用了2000多年才适当地将逻辑学和数学结合起来。

数学变得合乎逻辑

最早解决这个问题的是意大利数学家朱塞佩·皮亚诺（Giuseppe Peano，1858—1932）。他想用形式逻辑从基本命题发展出整个数学。他发明了一种逻辑符号，同时也是一种国际混合语言，他希望这种语言能用于学术研究。它被称为国际语，基于拉丁语、法语、德语和英语的词汇，但使用了非常简单的语法。但是，他对这种语言的使用阻碍了他的数学工作被他人接受。

将数学与逻辑学联系起来的突破来自德国逻辑学家和数学家戈特洛布·弗雷格（Gottob Frege，1848—1925）的工作，他一度被称为自亚里士多德以来最伟大的逻辑学家。他着手证明所有的算术都可以从一组基本公理逻辑推导出，他实质上是数理逻辑的创始人。他设计了用变量和函数来表示逻辑的方法。

寻找新的公理

德国数学家大卫·希尔伯特为20世纪兴起的形式主义运动奠定了基础，他要求所有的数学都应该依赖于基本公理，而其他的一切都可以从中得到证明。他要求任何系统都是完备且相容的，并且不能引发任何与公理应用相矛盾的问题。他自己重新制订了欧几里得公理，这是试图找到无可挑剔的数学公理基础的第一步。希尔伯特提出了著名的在1900年还没有被解决的23个问题。这些问题有效地为20世纪的数学家制订了议程。

大卫·希尔伯特

大卫·希尔伯特（David Hilbert，1862—1943）被认为是19世纪和20世纪最有影响力的数学家之一。他出生于东普鲁士——现在是俄罗斯的一部分。在学生时代，他遇到了赫尔曼·闵可夫斯基，两个人成为了一生的朋友，他们相互吸收了对方的数学思想。

希尔伯特曾在许多领域做过研究，但最著名的是他对数学公理化的贡献。他最初是一名纯数学家，当他在1912年左右将注意力转向物理学时，他对大多数物理学家所采用的草率的数学方法感到震惊。希尔伯特还发明了一个具有无穷维的抽象空间（称为希尔伯特空间）。他和他的学生为爱因斯坦的相对论和量子力学背后的数学做出了贡献。

数理逻辑发展的最重要的希尔伯特问题是第二个问题。他建议有必要建立一个公理体系，“包含对基本思想之间关系的准确而完整的描述”，并要求“它们不矛盾，也就是说，基于它们的一定数量的逻辑步骤永远不会导致矛盾的结果。”特别地，这被看作是对证明皮亚诺算术公理的呼吁。

为了回应希尔伯特关于为所有的数学建立公理化基础的呼吁，伯特兰·罗素（Bertrand Rasseu）和阿尔弗雷德·诺斯·怀特海（Alfred North Whitehead）于1910—1913年出版了三卷本《数学原理》（*Principia Mathematica*）。该书雄心勃勃地以牛顿的开创性作品命名，旨在利用弗雷格提出的符号逻辑从一组基本公理出发推导出所有的数学。这组公理仅仅包含集合论、基数、序数和实数。由于他们厌倦了这项工作，便放弃了计划中的几何卷。在深入研究之后，罗素发现弗雷格涉及了很多相同的领域，于是他增加了一个附录，指出了不同之处，并致谢了弗雷格先前的作品。

《数学原理》的检验取决于它在希尔伯特意义下是否完备和相容——是否存在一个数学命题，这个命题不能用《数学原理》中的方法证明或反驳，以及在应用它里面的公理时会产生一些矛盾吗？

改变目标

在《数学原理》有机会经受时间的考验之前，关键问题被德国数学家库尔特·哥德尔（Kurt Gödel）“拿走了”。他提出了两个“不完备性定理”（1931），涉及希尔伯特关于数学公理化的提议。

第一个定理指出不存在完备和相容的公理集，因为对于每一个足够强大的逻辑系统来说，总存在一个这样的命题G——“命题G既不能被证明，也不能被证伪”。如果G是可证明的，则哥德尔第一定律为假且系统是不相容的。如果G是不可证明的，则哥德尔第一定律为真且系统是不完备的。第二个定理指出，四则运算不能用于证明其自身的陈述，并且也不能用于通过延拓证明任何更复杂的东西。

逻辑与计算机

20世纪，计算机的发展为逻辑和数学提供了一个新的领域。计算机程序使用逻辑序列进行计算。逻辑序列是所有计算机应用程序的基础，其中也包括那些看起来不像数学的计算机应用程序，例如动画、音乐制作软件和图像处理软件。计算机也可用于证明定理。它们通过穷举给出证明。穷举是指检验所有可能的值（人类无法完成）。还有计算机程序可以通过其他方法构造证明。

安德雷·沃伦科夫（Andrei Voronkov）在曼彻斯特大学开发的吸血鬼程序六次赢得了“定理证明者世界杯”（1999，2001—2005）。也许是时候了，计算机凭借无懈可击的逻辑将取代人类数学家，成为将逻辑应用于数学或在数学中进行追踪的专家。

我们究竟在讨论什么

在本书中，我们从没有问过数学是什么，或者它是不是任何东西。这似乎是一个很大的疏忽。但总的来说，数学悄悄地接近人类，自然而然地融入了人们的生活，无需介绍，并鼓励我们围绕它建立文化大厦。我们没有一个合理的契机去询问数学是关于什么的。

20世纪初，数学转向关于其本质的基本问题。一个中心问题可以简单地概括为“是发现了还是发明了数学？”，这有三个主要的立场。柏拉图式的实在论——例如库尔特·哥德尔的观点——认为数学定律在任何地方都是真实的和不变的，就像自然规律一样。数学家发现了它们：它们是事先已经存在的。形式主义者大卫·希尔伯特的观点认为，数学是一种编纂，一种语言，甚至是一种游戏，其中定理通过逻辑论证建立在公理上。如果两组公理都成立，则没有特别的理由偏爱一组公理。哥德尔不完备性定理对这一观点造成了致命的打击，该定理表明，没有一套公理可以是完全完备和相容的。最后，直觉主义者认为，数学完全是人类心智的一种虚构，它旨在解释我们周围于人类文化之外无存在性或有效性的世界。这种观点是由荷兰数学家布劳威尔（1881—1966）提出的，为此他被毫不留情地嘲笑和压制（尤其是被希尔伯特）。

在过去的一百年里，关于数学基础的问题尚未得到回答，而且也被忽视了。希尔伯特的形式主义立场遭受了不完备性理论的攻击，但在实践中，逻辑和公理仍然是数学的核心。更现代的观点是奎因（W. V. Quine，1908—2000）和希拉里·普特南（Hilary Putnam，1926—2016）提倡的经验主义。他们坚持认为，可以从现实世界的观察中推出数字和其他数学实体的存在。它与实在论有关，但更多地基于现实和人类文化。

奎因的观点是，数学似乎是“真实的”，因为我们所有的经验和科学都围绕着它，而且似乎也认可它。如果没有数学，将很难重建宇宙模型。

最后一句话听起来像是挑战，这是美国哲学家哈特里·菲尔德（Hartry Field，生于1946年）提出的观点。20世纪80年代，他提出数学命题都是虚构的，科学可以不用数学来创造。

根据他的虚构主义理论，数学命题是有用的结构化工具，但不应被视为是完全正确的。为什么我们要“编造”数学呢？一个答案是：人脑的结

> 任何相容的形式体系，只要蕴涵皮亚诺算术公理，就可以在其中构造在体系中既不能证明也不能证伪的命题（即体系是不完备的）。
>
> ——库尔特·哥德尔（Kurt Gödel），1931

数学可能存在，也可能不存在，但我们无法从科学上作出分辨。

——乔治 · 莱考夫（George Lakoff），2001

构不可避免会“编造”数学。体验心理理论是以认知心理学为基础，它是由美国认知语言学家乔治 · 莱考夫和心理学家拉斐尔 · 努涅斯为数学开发的。他们在《数学来自何处》（*Mathematics Comes From*，2000）一书中表达了这样的观点：人脑的结构以及人体在世界上的运作方式决定了我们发展数学的方式。在没有认知过程阻碍的情况下，我们无法脱离大脑来审视宇宙，因此我们将无法判断数学是否存在于人类文化之外。

许多数学家不同意莱考夫和努涅斯的观点，以及与这里概述的所有其他想法的支持者的观点，他们无疑会在未来几十年甚至几个世纪里争论这个问题。关于数学基础的问题对我们日常使用数学几乎没有影响。我们将继续玩彩票、建造飞机、寻找太空中的生命并为巨大的灾难提供保险，而无需知道数学在某种意义上是“真实的”还是“存在性的”，就像古埃及人建造了金字塔，而印加人数了他们的美洲驼，没有多想。

词汇表

代数几何（algebraic geometry）——使用代数方程和表达式的几何

算法学家（algorist）——使用印度–阿拉伯数字系统而不是使用算盘进行计算的人

算法（algorithm）——进行计算的规则

解析几何（analytic geometry）——使用坐标的几何

公理（axiom）——不言自明且不需要证明的基本命题

基数（base）——计数制的基础；基数是在进位之前被计数的最大数字

二进制（binary）——只有两位数字1和0（以2为基数）的计数制

二项式系数（binomial coefficients）——二项式展开时与变量一起使用的系数序列

微积分（calculus）——涉及计算无穷小量的总和以逼近曲线下的面积或曲线的变化率的数学分支

弦（chord）——连接弧线（圆周的一部分）两端的直线

系数（coefficient）——在代数表达式中与变量相乘的常数或数字

可公度性（commensurable）——两个量(或多个量)可以用同一个单位来比较或衡量

圆锥曲线（论）（conics）——一个平面切割圆锥得到的曲线（或对这些曲线的研究）

猜想（conjecture）——一个未经证实的命题

余弦（cosine）——直角三角形中某锐角的相邻直角边与斜边的比值

余切（cotangent）——直角三角形中某锐角的相邻直角边与相对直角边的比值

十进制小数（decimal fraction）——小数部分用十进位的小数表示的数字（表示十分之一，百分之一，千分之一等）

微分学/微分（differential calculus/differentiation）——计算曲线在给定点的斜率的方法

丢番图方程（Diophantine equation）——涉及的所有数字都是整数的方程

分形（fractal）——曲线或其他图形，在不断缩小的部分中重复其整体图案或形状，因此放大后的部分图形看起来与整个图形相同

函数（function）——每个输入值对应唯一输出值的一种对应关系

双曲线（hyperbola）——用其轴上的角度小于圆锥侧面的平面切割圆锥而产生的曲线

双曲几何（hyperbolic geometry）——处理绘制在曲面上的图形的几何

虚数（imaginary number）——涉及–1的平方根的数

不可公度性（incommensurable）——（多于一个量）不能用同一个单位来比较或衡量

无穷小量（infinitesimal）——非常小的变量，趋向于零

积分（integral）——积分法的产物

积分学 （积分法）（integral calculus/integration）——用大量无限薄的切片的面积总和来逼近计算曲线下的面积的方法

无理数（irrational number）——不能表示为两个整数之比的数

极限（limit）——向一个确定的数不断地逼近

对数（logarithm）——使某数（通常为10或e）等于一给定数而必须取的乘幂的幂指数

光学（optics）——对镜片、视觉和光线的研究

抛物线（parabola）——用平行于圆锥侧面的平面切割圆锥而产生的曲线

平行公设（parallel postulate）——欧几里得第五公设，它说的是互不平行的直线必定相交的条件（因此逆公设给出了直线平行的条件）

垂直（perpendicular）——两线形成直角

投影几何（perspective geometry）——研究三维图形如何在二维中表示的几何

多项式方程（polynomial equation）——涉及变量非零幂的方程（例如$x^2+2x+1=0$）

二次方程（quadratic equation）——形式为$ax^2+bx+c=0$的方程

五进制（quinary）——以5为基数的进位制

有理数（rational number）——可以表示为两个整数之比的数

实数（real number）——不涉及–1的平方根的任何正数或负数

黎曼几何（Riemann geometries）——不遵循传统平面几何标准法则的曲面几何

集合（set）——相关实体组

六十进制（sexagesimal）——以60为基数的进位制

正弦（sine）——直角三角形中某锐角的相对直角边与斜边的比值

球面三角学（spherical trigonometry）——对绘制在球体表面上的三角形的研究

正切（tangent）——直角三角形中某锐角的相对直角边与相邻直角边的比值

定理（theorem）——并非不言自明但可以通过逻辑步骤证明的规则的陈述

拓扑学（topology）——对不受形状或大小变化影响的几何性质的研究

超限数（transfinite numbers）——有关不同量级的无穷的数；无穷个整数小于无穷个实数

三角测量（triangulation）——通过将曲面划分为三角形并计算距离和角度来测量曲面的过程